家禽体内微量元素铜与维生素A及其互作效应研究

◎ 张利环 著

中国农业科学技术出版社

图书在版编目（CIP）数据

家禽体内微量元素铜与维生素 A 及其互作效应研究/张利环著.—北京：中国农业科学技术出版社，2020.12

ISBN 978-7-5116-4968-3

Ⅰ.①家…　Ⅱ.①张…　Ⅲ.①家禽-营养学 ②家禽-饲料-配制　Ⅳ.①S83

中国版本图书馆 CIP 数据核字（2020）第 245456 号

责任编辑　白姗姗
责任校对　贾海霞

出 版 者　中国农业科学技术出版社
　　　　　北京市中关村南大街 12 号　邮编：100081
电　　话　(010) 82106638（编辑室）(010) 82109702（发行部）
　　　　　(010) 82109709（读者服务部）
传　　真　(010) 82106650
网　　址　http://www.castp.cn
经 销 者　各地新华书店
印 刷 者　北京建宏印刷有限公司
开　　本　710 mm×1 000 mm　1/16
印　　张　10.75
字　　数　158 千字
版　　次　2020 年 12 月第 1 版　　2020 年 12 月第 1 次印刷
定　　价　68.00 元

资助项目

山西省重点研发计划项目 （201803D221023 - 2）

山西省科技攻关项目 （20140311021 - 4）

山西农业大学科技创新基金项目 （2016ZZ07）

山西省科技攻关项目 （052007）

河北科技师范学院博士科研启动项目基金

国家自然科学基金 （31172203）

山西农业大学科技创新基金 （2004063）

山西省自然科学基金 （20031072）

国家自然科学基金 （31402156）

山西省青年科技研究基金 （2011021028 - 1）

前　言

　　铜和维生素 A 是畜禽营养中两种非常重要的营养素，且二者在代谢上存在互作关系。Braude 在 1945 年首次发现在饲料中添加动物正常需要量 10 倍的铜（Cu），可明显提高动物的生产性能。自此以后，铜作为一种高效的促生长剂在畜禽生产中被广泛应用，高剂量铜也被认为是一种高效、廉价、使用方便的促生长剂。维生素 A 是重要的脂溶性维生素之一，是肉仔鸡的正常生长发育过程中所必需的微量有机物，是肉仔鸡体内各种代谢酶的辅酶和辅基的组成成分，起着促进和调节代谢的重要作用。当日粮中维生素 A 缺乏时，会导致生长发育受阻，正常的生理机能遭到破坏，免疫水平低下，从而降低生产性能。但是，近年来由于维生素研究的新发现——维生素添加效应，即大剂量添加维生素可提高肉仔鸡的免疫功能，降低死亡率、抗应激、促生长等，导致养禽业中维生素 A 的添加量大大超过标准所规定的范围，有的甚至超过了"安全规限"。这不仅造成饲料成本增加，同时也干扰了其他营养素的吸收和代谢，对畜禽生产性能及健康造成不良影响。

　　笔者在山西农业大学攻读硕士期间，师从张春善教授，主要研究了肉仔鸡体内铜和维生素 A 的互作效应，铜和维生素 A 及互作对肉仔鸡生产性能、免疫功能、营养吸收代谢、抗氧化能力以及肠道结构与肠道微生物的影响，并且在国内外对纳米技术和高铜促生长研究的基础上，在浙江大学许梓荣教授和王敏奇教授的指导下，以樱桃谷肉鸭为试验对象，研究了在日粮中添加纳米铜和抗生素对肉鸭生产性能、胴体组成、内脏器官和血清生化指标的影响，并探讨其作用机理，从而为纳米铜替代抗生素提供理论依据。笔者基于这些研究成果，并参考了国内外相关领域的最新进展，撰写了本书。本书是介绍家禽体内微量元素铜与维生素 A 及其互作效应研究

1

的专著，共分为五章。第一章介绍了维生素与维生素 A 研究概况；第二章介绍了微量元素研究概况；第三章介绍了微量元素铜研究概况；第四章介绍了纳米铜对肉鸭生产性能及生化指标的影响；第五章介绍了肉仔鸡体内铜与维生素 A 及其互作效应研究，对畜牧生产，特别是肉鸭、肉仔鸡生产具有重要意义。本书较为系统地介绍了笔者多年来对微量元素铜和维生素 A 及其互作在家禽研究上的进展和成果，内容丰富，实用性和针对性强，可供畜牧和动物学专业师生及科研人员参考和查阅。

在本书编写过程中，得到了中国农业科学技术出版社的大力支持；感谢导师张春善教授和王钦德教授的深切关怀和悉心指导；感谢浙江大学许梓荣教授和王敏奇教授的精心指导；感谢课题组所有师弟师妹们的大力支持与无私付出。在此对所有关心、支持本书出版的同志表示衷心的感谢！

本书虽然经过了细心的编写和校对，但疏漏和错误之处在所难免，敬请广大同行和读者批评指正。

张利环
2020 年 12 月

目　录

第一章 维生素与维生素 A 研究概况

第一节 维生素研究概况

一、维生素的定义

维生素是一些称为"营养素"的因子，对维持人和动物的正常生理功能是必需的。有些营养素在动物体内不能合成，或合成量不能满足机体需要，必须从外界环境中获取。这些物质被称为"日粮必需营养素"。维生素即是其中的一类。对维生素可做如下定义。

一是有别于脂肪、碳水化合物和蛋白质的有机化合物。

二是食物的天然成分，并在食物中含量很少。

三是对正常生理功能（如维持、生长、发育和生产）是必需的，且需要量很少。

四是缺乏或利用不当会引起特定的缺乏症。

五是动物机体不能合成足够的量来满足其正常生理需要。

研究维生素时，这个定义是有用的，因为它把这类营养素有效地与其他营养素（如蛋白质和氨基酸、必需脂肪酸和矿物质）区分开了，并说明了在各种正常生理功能情况下的需要，也指出了缺乏症的特定性。维生素既是动物生活所必需的化学物质，又与激素相区别。

二、维生素的分类

根据维生素在脂肪和水中的溶解性，通常将维生素分为脂溶性维生素和水溶性维生素两类。脂溶性维生素包括维生素 A、维生素 D、维生素 E、维生素 K，水溶性维生素包括 B 族维生素和维生素 C。脂溶性维生素存在于与脂类有关的饲料原料中。脂溶性维生素与食物脂肪一起被吸收，其吸收机制与脂肪类似。水溶性维生素与脂肪无关，脂肪吸收的改变不影响其吸收。四种脂溶性维生素中有三种（维生素 A、维生素 D 和维生素 E）在动物体内有相当的贮存量。在水溶性维生素中，除维生素 B_{12} 外，其余均不能在动物体内大量贮存，即使摄入过量的水溶性维生素，也很快从尿排出。为了预防相应的缺乏症，需不断从食物摄入维生素 K 和水溶性维生素。脂溶性维生素主要经胆汁从粪便排出，而水溶性维生素则主要经尿液排出。水溶性维生素相对无毒，但过量的脂溶性维生素 A 或维生素 D 可引起严重的中毒症。

三、维生素的功能特性

许多生理功能是生命活动所必需的，维持这些生理功能则需要包括维生素在内的营养素。与其他营养素不同，维生素不能作为结构物质，也不能大量氧化供能。在维生素的各种用途中，每种用途都有其高度的特异性。因而，维生素在日粮中的需要量很小。大多数维生素在普通食物中的形式，需要代谢激活，才能成为其功能形式。

尽管维生素具有这些共同的特性，但几乎没有化学和功能上的相似性。有些维生素作为酶的辅助因子发挥作用，如维生素 A、维生素 K、维生素 C、硫胺素、烟酸、核黄素、维生素 B_6、生物素、泛酸、叶酸和维生素 B_{12}，但并非所有酶的辅助因子都是维生素，如血红素、辅酶 Q 和硫辛酸。有些维生素的功能为生物抗氧化剂，如维生素 E 和维生素 C，还有几种是氧化还原反应中的辅助因子，如维生素 E、维生素 K、维生素 C、烟酸、核黄素、泛酸。维生素 A 和维生素 D 可作为激素发挥作用。维生素 A 还可作为视觉中光感受器的辅助因子发挥作用。

四、动物体对维生素的需要量

不同动物日粮对维生素的需要量各不相同。有些维生素在代谢上是必需的，但对某些动物来说，日粮中并不需要添加，因为这些维生素易于从其他食物或代谢物合成。

与反刍动物相比，家禽、猪和其他单胃动物对日粮维生素的依靠程度要大得多。一般认为，瘤胃功能完全的反刍动物不会缺乏 B 族维生素。反刍动物日粮中的 B 族维生素加上共生微生物合成的 B 族维生素，可满足其需要。但在特殊情况下（如应激和高产），反刍动物可能也需要补充硫胺素和烟酸。若日粮缺乏钴，瘤胃微生物则不能合成维生素 B_{12}。

反刍动物在刚出生后的几天内，瘤胃微生物区系尚未完善，没有合成维生素的功能，此时的反刍动物就像单胃动物一样，需要在日粮中补充维生素。从出生后第 8 天开始，瘤胃微生物区系开始形成，2 月龄时已能合成足够的 B 族维生素。瘤胃微生物合成的 B 族维生素经过消化道时，可被充分的消化和吸收。

包括人在内的单胃动物肠道微生物，也能合成相当量的大多数 B 族维生素，但不能像反刍动物那样被有效地利用。这是因为非反刍家畜的合成部位在肠道的低端，此部位的吸收很差。马的大肠微生物能合成大量的 B 族维生素，尽管在这个部位吸收率差，但还是能满足大部分需要。对食粪性动物（如兔、鼠等）来说，肠道合成的维生素利用率更高。通过食粪，使后肠合成的维生素得以再利用。

第二节　维生素 A 研究概况

维生素 A 是人和动物机体必需的重要维生素之一。20 世纪初，人们通过治疗夜盲症认识了维生素 A（Machlin，1990）的作用之后，对维生素 A 的性质、生化生理功能及其在动物体内的代谢进行了大量研究。迄今为止，已经证明维生素 A 在动物体内具有许多重要的功能，维生素 A 缺乏会引起一系列缺乏症，严重时导致死亡，而维生素 A 过量则会引起中毒。目前生产中更多见的是维生素 A 的边缘缺乏，即畜禽不表现明显的临床缺乏症状，但显著影响生长发育和生产性能，对疾病的抵抗力下降。然而随着养殖业集约化与畜禽生产力水平的不断提高，出现了一种盲目超量添加维生素 A 的倾向，有些饲料添加剂厂家的添加剂量是 NRC 推荐标准的 10 倍以上，甚至超过一般的"安全限"。为此，家禽对维生素 A 需要量的研究是非常必要的。

一、维生素 A 的吸收代谢

维生素 A 被动物采食后，在酶和胆盐的作用下产生含视黄醇的微滴。视黄醇很容易被吸收入肠道前段黏膜细胞。维生素 A 在肠道中首先被水解为其游离形式——视黄醇，然后在肠道黏膜中经过酯化作用之后才被吸收入淋巴系统和血液之中，接着便到达肝脏，在肝脏中则以酯化形式贮存下来。酯化形式的功能，是通过在肝脏中发生水解而成为游离视黄醇来实现的。血液中的视黄醇以与蛋白质相结合的形式被输送到机体各部。通常认为，血液中的视黄醇水平是维生素 A 状态和肠道吸收的良好指标。维生素 A 水解之后经过转化才具有生物学活性，其活性形式为视黄醇、视黄醛和视黄酸。视黄醛和视黄酸都是由视黄醇在动物体内转化而来的，并且都参与代谢功能。视黄酸并不支持体内所有的维生素 A 依赖功能。视黄醛虽可以支持体内所有维生素 A 依赖功能，但它必须首先在肠道中转化为视黄醇并作为棕榈酸酯被吸收。

二、维生素 A 的功能

1. 维生素 A 的促生长作用

维生素 A 是维持成骨细胞和破骨细胞正常功能、保障细胞正常代谢的必需物质。当维生素 A 缺乏时，会破坏软骨骨化过程，在临床上表现为骨骼变形等病理变化。研究表明，当维生素 A 缺乏时，成骨细胞溶解旧骨细胞的活性减弱或完全丧失。此外，维生素 A 不足可导致头盖骨形成异常，骨损伤治愈率降低，而且还导致生长发育迟滞。Hiu 等（1961）研究表明，母鸡日粮中维生素 A 水平与其生长速度呈正相关。

2. 维生素 A 参与上皮细胞合成

一切上皮组织的完整、结缔组织中黏多糖的合成、细胞膜及细胞器（如线粒体、溶酶体等）膜结构的完整和正常的通透性都与维生素 A 有关。当维生素 A 缺乏时，上皮组织出现增生、胶质化，其中以眼、呼吸道、消化道、泌尿道和生殖器官等的黏膜上皮受影响最为显著。由于上皮组织的不健全，鳞状角化细胞比率增加，粒状细胞核黏液分泌细胞减少，引起机体内部与外部表皮的致密性下降，以及黏膜上皮细胞的黏液分泌减少或停止，使得细菌容易入侵各个组织器官而引起感染，出现腹泻（细菌入侵消化道）、感冒、肺炎（细菌入侵呼吸道）等病变。维生素 A 可以保护黏膜上皮的健康，促进黏膜和皮肤的发育和再生，促进结缔组织中黏多糖的合成。

维生素 A 缺乏可对雏鸡肠道细胞的增殖和成熟过程产生不良影响。完整的肠道上皮细胞可使正常的菌群更好地黏附，从而保持在肠道内的数量优势。

3. 维生素 A 的抗氧化作用

李英哲（2001）研究表明，维生素 A 轻度缺乏即可显著降低 SOD 活性。SOD 是能够有效清除超氧化物阴离子自由基的一类重要的抗氧化酶，SOD 催化超氧阴离子歧化为 H_2O_2 和 O_2，其速度比生理条件下自我歧化高 104 倍。维生素 A 缺乏引起 SOD 活性降低的原因尚不清楚，可能是维生素 A 作为抗氧化物摄入量减少而导致体内自由基生成增多，从而使 SOD 消耗过多导致其活性下降。Pelissier 等（1989）报道，维生素 A 缺乏大鼠谷胱甘肽过氧化酶（GSH-Px，GSH-Px 是清除生物体内 H_2O_2 和许多有机氢过氧化物的很重要的抗氧化物质）活性明显低于正常对照组动物；李英哲（2001）报道，维生素 A 轻度或完全缺乏均可引起 GSH-Px 活性降低。

三、维生素 A 对肉仔鸡的作用

维生素 A 是肉仔鸡的正常生长发育过程中所必需的微量有机物，是肉仔鸡体内各种代谢酶的辅酶和辅基的组成成分，起着促进和调节代谢的重要作用。当日粮中维生素 A 缺乏时，会导致生长发育受阻，正常的生理机能遭到破坏，免疫水平低下，从而降低生产性能。但是，近年来由于维生素研究的新发现——维生素添加效应，即大剂量添加维生素可提高肉仔鸡的免疫功能，降低死亡率、抗应激、促生长等，导致养禽业维生素 A 的添加量大大超过标准所规定的范围，有的甚至超过了"安全规限"。这不仅造成饲料成本增加，同时也干扰了其他营养素的吸收和代谢，对畜禽生产性能及健康造成不良影响。

1. 维生素 A 的缺乏症

维生素 A 缺乏表现为食欲丧失、细胞分裂及分化紊乱明显的生长抑制、蛋白质和黏多糖合成抑制。维生素 A 严重缺乏常引起血容量减少和水平衡的破坏，血浓缩能掩盖贫血迹象，甚至导致表观的红细胞增多症。如果配合饲料中缺乏维生素 A，还会引起鸡的上皮组织角质化，分化脱落，影响嘴、鼻孔、食道和咽喉的黏膜，生成白色小脓疱，肾脏容易积累尿酸而肿胀，眼部的上皮组织产生渗出物，最终形成眼睛干燥症，由于上皮组织的损伤，降低了机体对感染的抵抗力。

2. 维生素 A 的中毒症

如果饲喂过多的维生素 A，超过心和肝脏的承受能力，则提高了血液中维生素 A 的浓度，多余的维生素 A 不能和 RBP（视黄醇结合蛋白）结合，以酯的形式和脂蛋白结合。一旦游离态的维生素 A 不能和 RBP 结合，那么，就容易破坏机体的生物膜，这样，就会出现家禽维生素 A 过多的中毒症状。家禽的维生素 A 中毒症状是摄食量减少，体重减轻，眼皮肿胀，逐渐被外皮包裹，继而紧闭眼睛，嘴、鼻孔及附近部位的皮肤、足的皮肤等处发生炎症、骨骼异常、骨的强度减弱、呈周期性痉挛、死亡率上升等。

3. 肉仔鸡对维生素 A 需要量

维生素 A 的适量添加问题是规模化养殖业维生素营养的首要问题。维生素 A 在肉仔鸡日粮中的添加量存在很大的差异：美国 NRC 推荐量为1 500IU/kg，中国饲养标准推荐量为 2 700IU/kg，联邦德国"饲料管理条例"推荐量为 8 000IU/kg。在实际生产中，适当添加高于标准推荐量的维生素 A，对增强鸡群抗病应激和提高生产性能有一定的作用，但有些饲料厂家添加量居然高达 28 000IU/kg，黄俊纯（1989）试验证明，维生素 A（20 000IU/kg）组肉仔鸡增重显著低于维生素 A（1 500IU/kg）组，张春善（2000）研究表明，维生素 A（8 800IU/kg）组肉仔鸡体重显著低于维生素 A（2 700IU/kg）组，超量添加产生了副作用。有关日粮维生素 A 添加量对肉仔鸡生产性能、免疫功能影响的研究结果差异很大，有必要确定其适宜添加量。

第二章　微量元素研究概况

第一节　微量元素在动物体内的功能

一、家畜体内矿物质元素分类

家畜体内含有多种矿物质，根据家畜体内各种矿物元素的含量，可将矿物元素分为常量元素和微量元素两大类。含量占家畜体总重量 0.01% 以上，每日需要量在 100mg 以上者，为常量元素；含量占家畜体总重量 0.01% 以下，每日需要量在 100mg 以下者，为微量元素，如铁、铜、锰、锌、碘、硒等 41 种元素，其总量约占家畜体重的 0.05%。

二、必需微量元素

必需元素包括常量元素和一些微量、痕量元素，是指维持家畜正常生命活动不可缺少的那些元素，如钙、磷、铁、锌、碘等。目前，认为家畜必需的矿物元素有 22 种，包括 7 种常量元素（钙、磷、钾、钠、氯、镁、硫）和 15 种微量元素。目前认为，家畜必需微量元素有铁、铜、锌、碘、锰、硒、氟、钼、钴、铬、镍、钒、锡、硅及砷 15 种，其中绝大多数为金属元素。在体内一般结合成化合物或络合物，广泛分布于各组织中，含量较恒定。必需微量元素主要来源于饲料，与植物性饲料相比，动物性饲料中的必需微量元素含量较高，种类也较多。

三、微量元素在动物体内的功能

微量元素在体内的功能多种多样，主要通过形成结合蛋白、酶、激素和维生素等发挥作用。

1. 微量元素与酶的关系

动物体内发现的近 1 000 种酶中，有50%～70%的酶含有微量元素，或以微量元素的离子作为激活剂。已知锌与上百种酶有关，铁与数十种酶有关，锰和铜亦与数十种酶有关，钼与黄嘌呤氧化酶等有关，硒与谷胱甘肽过氧化物酶等有关。

2. 微量元素构成体内重要的载体及电子传递系统

铁是血红蛋白、肌红蛋白的重要组分，参与氧的运输和储存；细胞色素系统（细胞色素 b、c1、c、aa3、b5、P450 等）中含有铁，它们是重要的电子传递物质；铁硫蛋白是呼吸链中的电子传递体。

3. 微量元素参与激素的合成

微量元素与激素间的相互作用，直接参与激素的结构组成，如甲状腺激素中的碘；与激素形成非稳定性的络合关系，完善分子构形，延长激素寿命，如胰岛素原中的锌；在激素靶器官上参与酶系的形成，增强激素的作用，如铬可增强胰岛素与其受体的作用效果。

4. 微量元素参与维生素的合成

钴是维生素 B_{12} 的重要组成部分。维生素 B_{12} 是甲基转移酶的辅酶，是胸腺吡咯核苷的合成，以及 DNA 的生物合成与转录所必需的。维生素 B_{12} 分子中有一个螯合钴原子的环状结构，含有它的化合物——类卟啉辅酶是已知最有效的生物催化剂之一，在许多酶中对分子重排起着重要作用。

5. 微量元素与免疫

微量元素影响免疫系统的功能和生长发育。人体缺乏相应的微量元素时，可导致特异性免疫反应和非特异性免疫功能障碍，从而使机体感染和肿瘤发生率升高。合理地补充微量元素，对恢复和健全免疫功能有着重要作用。

6. 微量元素影响核酸代谢

铬、铁、锌、锰、铜、镍等对稳定 DNA 结构，调控基因转录起着重要作用。

7. 微量元素和肿瘤

微量元素过多或严重不足，二者都促进肿瘤的发生。镍是致癌性很强的元素，它能诱发肺癌和鼻咽癌；铁过多引起肺癌；锌含量过高使食管、胃及消化系统癌症的发病率增高；锰含量过高能导致肝癌；缺钼诱发食管癌。有些微量元素，有一定的防癌、抗癌作用。如铁、硒等对胃肠道癌有拮抗作用；镁对恶性淋巴病和慢性白血病有拮抗作用；锌对食管癌、肺癌有拮抗作用；碘对甲状腺癌和乳腺癌有拮抗作用。

8. 微量元素与生长发育

许多微量元素参与酶与激素的合成，而酶与激素都是生长发育不可缺少的生物活性物质。所以，体内相应微量元素的缺乏，会对生长发育产生不良影响，其中尤以锌的作用最大。因为锌与很多酶、核酸、蛋白质和激素的合成密切相关，能影响细胞分裂、生长和再生，并能提高食欲，促进消化，所以锌能加速生长发育。

第二节　微量元素与疾病的关系

微量元素缺乏或过量，均可导致某些疾病的发生。例如缺碘和碘过量均会导致甲状腺肿。

一、微量元素缺乏对动物的影响

在实际情况中，许多饲料产品并不能真正满足畜禽对各种微量元素的需要，甚至工业生产的配合饲料，也达不到所规定的添加剂量，因而导致高产畜禽发生慢性微量元素缺乏症，使血液、器官和组织中某些微量元素的含量只有理想值的10%～70%，结果使体内物质代谢发生严重障碍。由此使畜禽体内蓄积了氧化不全和有害的代谢产物（如尿素、酮体和乳酸等），进而使代谢过程受到更深层次的破坏。蛋白质、能量代谢出现障碍，使细胞、组织和器官的形态和功能发生变化，并且白蛋白和球蛋白的生物合成、机体抵抗力和免疫生物学反应均下降。成畜生殖器官发生病变；种公畜性功能减退，精液质量下降；母畜则多次授精不孕和乳腺功能障碍；胎儿生命力低下，出生后的头几天易患胃肠病和呼吸器官病；新生犊牛、仔猪和羔羊的死亡率可达25%。有些虽能治愈，但生长发育受阻。成畜缺乏微量元素时，生产性能降低，饲料消耗提高，骨骼病变，肥胖或消瘦，肝脏病变。结果使成畜的生产使用期缩短，产品营养价值下降。

二、微量元素过量对动物的影响

过多的微量元素进入动物体内后，与体内的蛋白质结合，引起蛋白质变性，从而抑制了有关酶的活性和蛋白质的其他功能，使组织细胞代谢紊乱，继而导致慢性中毒，甚至死亡。

必需微量元素缺乏或过多，有害微量元素接触、吸收、贮积过多或干扰了必需微量元素的生理功能和营养作用，都会使机体生理生化过程发生紊乱，甚至致病。反之，各种疾病也会对微量元素的吸收、运输、利用、贮存和排泄产生一定的影响。

三、防止过量添加微量元素

理论上，饲料中微量元素的添加量，应为饲养标准中规定的需要量减去饲料中的含量。但饲料中微量元素的分析较复杂，目前常按饲养标准的推荐量添加，而把饲料中的含量作为补充或安全阈量看待。但由于饲料中各种微量元素的含量受多种因素影响，变异很大，故应尽可能了解当地土壤、水、饲料中该元素的含量，以便合理确定添加量。在确定微量元素的添加量时，还应考虑各元素的最大安全量与需要量之间的比值（安全系数）。此外，还应考虑微量元素之间的相互关系，如钼、硫不足，会使反刍动物对铜的吸收增加，进而引起铜中毒。

四、饲料中微量元素的添加

在实际生产中常遇到微量元素和维生素缺乏，使其他营养物质利用不佳的情况。其原因不是由于对这种营养素的采食量低，而是营养素在吸收或代谢方面发生了相互拮抗的结果。对于微量元素（包括常量元素）的添加，不能只从表面上看供给量是否足够，而要从整体上看元素的供给量是否平衡。

第三章 微量元素铜研究概况

第一节 铜在动物生产中的应用

大量研究表明，高铜能提高动物的生长速度和饲料利用率，在猪饲料中添加 125～250mg/kg 的铜，有明显的促生长作用，Gipp（1983）和 Barber（1989）发现高铜在提高猪的生长速度的同时，还可影响其胴体品质，可使生长肥育猪背膘变薄，眼肌重量和横截面积均增加，瘦肉率增加。李清宏（2001）报道，高剂量甘氨酸铜对断奶仔猪也有促生长作用，但效果与硫酸铜差异不显著。张苏江（2002）报道，铜添加量为 150～300mg/kg 时，对 20～60kg 生长猪具有明显的促生长作用。Cromwell（1993）和 Roof 等（1986）在高铜日粮对母猪功效的研究中，均发现高铜提高了仔猪初生重和断奶重，并提高了断奶成活率。

关于高剂量铜对家禽生长性能影响方面，不同研究结果存在较大的差异，甚至得出相反的结论。Smith（1969）研究表明，肉鸡日粮中添加 76～225mg/kg 铜具有促进生长的作用。而 Fisher 等（1973）总结 346 个试验结果，得到的结论与 Smith 存在一定差异，他们认为添加 225mg/kg 铜对肉鸡生长性能的影响结果不稳定，但是添加 225～250mg/kg 铜具有明显的促生长作用。Leach 等（1990）研究表明，高于 250mg/kg 的铜添加水平导致肉鸡生长抑制。同时，部分试验研究（Marron et al.，2001）结果显示，日粮高铜导致肉鸡生长的抑制。伍喜林等（2003）研究表明，与 10mg/kg 铜相比，80mg/kg 的铜对肉鸭的生长具有抑制作用。高剂量铜导致肉鸡的生长抑制和饲料利用率下降，甚至导致肌骨损伤，降低肠道绒毛高度和肠道黏膜厚度（Smith，1969）。也有研究表明，添加 250mg/kg 的铜可促进 3 周龄肉仔鸡的生长（Poupoulis，1978），周明英（1993）报道，100mg/kg 的铜可促进肉鸡生长。另外，高铜（200~600mg/kg）可促进鹌鹑的生长。

在反刍动物的应用中，补铜主要是为了防止铜缺乏症，由于硫与钼能拮抗铜的吸收，因此，即使饲料中不缺铜也可能引起反刍动物铜缺乏症。也有报道，当给高产奶牛补饲蛋白铜或氨基酸螯合铜时，可明显提高其产奶量；在绵羊上补以高铜可明显提高产毛量及改善羊毛品质。由于反刍动物储留铜的能力很强，为防止铜中毒，通常对补铜采取谨慎态度。此外，在兔日粮中添加 50mg/kg 的铜，对兔毛的生长有促进作用。

第二节　铜的代谢及生理功能

一、铜的吸收与排泄

铜是在胃与小肠内，尤其是在小肠上段被吸收的，铜的吸收率与铜的数量、化学组成及其他金属离子的量有关。特别是与铁、锌、钙、镉、钼的数量有关，这是由于在吸收水平上元素间的相互竞争，尤其是锌与铜、铁与铜间的竞争影响较大。

一般情况下，饲料中的铜只有 5%~20% 被消化道吸收，而被吸收的铜又有 60%~80% 随胆汁排入消化道，猪对胆汁铜的利用率极低，绝大部分铜最终随粪便排出体外（Blood，1979）。

二、铜在动物体内的分布及功能

在各种家畜的肝脏、脑、肾脏、心脏、眼睛及毛发中铜的浓度最高，其次是以胰腺、皮肤、肌肉、脾脏及骨为代表的组织中铜含量中等，而脑垂体、胸腺、甲状腺、前列腺、卵巢及睾丸铜含量最低。而肝、脾、脑及骨中铜的含量在很大程度上取决于饲粮中铜的含量（许梓荣，1992）。另外，随日粮铜水平上升，铜在毛发中沉积增加。

畜禽吸收的铜进入血液后分布于红细胞和血浆中，主要以红细胞铜蓝蛋白和血浆铜蓝蛋白形式存在，而体内自由的铜离子会被快速结合，构成许多金属酶及金属蛋白。具有酶活性的铜蛋白称铜蛋白酶，铜对机体主要是通过酶系统而发挥作用的，动物体内至少有14种含铜酶，例如，细胞外超氧化物歧化酶及 Cu、Zn - 超氧化物歧化酶在自由基代谢方面起重要作用；含铜的细胞色素氧化酶是线粒体呼吸链中电子传递的受体，产生的能量用于 ADP 磷酸化形成 ATP，促使磷脂再合成，而磷脂是神经细胞髓化过程中髓鞘形成的必需物质；在骨骼形成中，含铜的单胺氧化酶可促进形成锁链素和异锁链素，从而有助于骨胶原结构的完整及主动脉和心肌系统正常弹性硬蛋白的形成；含铜的酪氨酸酶可促进黑色素的合成；血浆铜蓝蛋白对于氧的运输及血红蛋白中铁的氧化具有关键作用。另外，铜还是亚铁氧化酶、赖氨酸氧化酶和多巴胺-β-羟化酶的辅助因子，铜也是凝血因子 V 和金属硫蛋白的组成成分。因此，日粮中铜被动物机体摄取，参与结缔组织交联、铁和胺类氧化、尿酸代谢、血液凝固与毛发形成等代谢过程。除此之外，铜还是葡萄糖代谢调节、胆固醇代谢、骨骼矿化作用、免疫机能、热调节、红细胞生成、白细胞生成和心脏功能等代谢所必需的。另外，铜还影响激素的分泌和基因的表达。

三、铜缺乏症与中毒症状

1. 铜缺乏症

动物铜缺乏症随动物年龄、性别、种类及缺铜程度和持续时间的不同而症状各异，主要表现为：贫血、嗜中性白细胞减少、血压异常、高血脂、血红蛋白水平降低、骨质疏松、脑退化、毛发脱色且无光泽、胚胎死亡、心脏肥大、主动脉瘤、体温过低、免疫力低下、对葡萄糖无耐受力、血胸及生长受阻等。

2. 铜的中毒剂量

因动物种类及日粮类型不同，铜中毒剂量各异。已有报道表明，人、绵羊和猪铜中毒剂量分别为 20 ~ 30mg/kg、25mg/kg 和 300 ~ 500mg/kg，牛、绵羊、猪和禽的铜最大耐受量分别为 100mg/kg、25mg/kg、250mg/kg 和 300mg/kg。

3. 铜中毒症状

在猪上，由于铜在肝中蓄积过多，会出现溶血和伴有重度黄疸的血红蛋白血症，以及肝脏和肾脏操作并很快死亡。高铜引起溶血有两方面原因；其一，二价铜与血红蛋白、红细胞以及其他细胞膜的巯基结合，增加了红细胞的通透性而发生溶血；其二，铜抑制谷胱甘肽还原酶，使细胞内还原型谷胱甘肽减少，血红蛋白变性而发生溶血性贫血。在鸡上，高铜使鸡精神沉郁、体温降低、腹泻、肌胃糜烂、肾细胞核破裂和钙化、肝脏坏死，部分鸡肝呈现间质性肝炎，最后死亡。另外，高铜还可损伤口腔（Jensen，1991）。

第三节　影响铜促生长作用的因素

一、铜的化学形式及添加剂量

铜的化学形式明显影响其效价，铜的硫酸盐、碳酸盐及氯化物都是有效的铜源，均有促生长作用（Wallance，1967；Cromwell，1983，1989），而硫化铜与氧化铜无效，Cromwell（1989）报道，500mg/kg 的 CuO 也没有增加肝中铜浓度。铜的氨基酸螯合物和蛋白铜对促进断奶仔猪生长的功效

与 $CuSO_4$ 相当，甚至更好（Coffey，1992），这是因为氨基酸螯合铜比硫酸铜的形态更接近于体内自然存在形态，因而前者铜的生物利用率高，赖氨酸铜、蛋氨酸铜、甘氨酸铜都是有效的铜源。而有机铜由于铜原子和有机物形成化学键和配位键，其电荷趋于中性，在体内 pH 值下溶解性好，且易释放铜离子，故生物效价较高。不过目前仍公认使用 $CuSO_4$ 最好，生物效价高，易吸收，使用方便且成本低。

铜盐的添加剂量是铜促生长效应的决定因素。对猪的添加量的研究较多，据英国 285 个试验统计结果表明，添加 250mg/kg 效果最好，但 Stahly 等（1980）的研究表明，添加 125mg/kg 铜在提高日增重方面最佳，而添加 250mg/kg 的铜在提高成活率方面最好。尽管众多研究报道不一致，但对有效剂量的报道却基本一致，125 ~ 250mg/kg 为有效剂量，而高于 250mg/kg 的铜被认为是中毒剂量。而对于肉鸭铜的添加量的资料很少，且结果不一致，黄得纯（2003）的研究表明，肉鸭日粮中铜添加量不宜超过 250mg/kg；而伍喜林等（2003）报道，肉鸭对日粮中铜的需要量应低于 80mg/kg。

二、日粮类型和营养水平

研究表明，适当低蛋白比高蛋白水平添加高铜效果好，同时添加赖氨酸有进一步提高日增重和饲料效率的作用。不同来源的蛋白质对铜的添加效应也有一定影响，伍喜林（2003）报道，在高营养水平、低铜水平条件下，肉鸭料重比显著高于低营养水平、高铜水平组。在高铜情况下，鱼粉的促生长效果较豆饼强，而乳清粉日粮中还可能发生铜中毒。而邱华生（1983）研究了不同日粮蛋白质水平添加 250mg/kg 铜对 20 ~ 90kg 猪生长性能的影响，结果发现，随蛋白水平递增，日增重显著上升（$P < 0.05$）。Goihl 等（1985）发现，高铜促生长程度和饲粮中脂肪呈正相关，添加 5% 脂肪时，高铜饲粮组较低铜组生长速度提高 42%，而不添加脂肪时，相应

提高幅度仅为 8%。Goihl 还认为仔猪日粮添加含较高量长链不饱和脂肪酸时,铜的促生长效应可达最大。此外有报道小麦可降低铜活性,影响铜的吸收和作用效果。

三、动物种类和生理阶段

高铜作为促生长剂主要用于猪,在禽和反刍动物上,无机铜的作用效果很小,不过 Poupoulis 发现 250mg/kg 的铜对 3 周龄仔鸡有促生长作用。Xin 等(1993)发现在高产禽类和反刍动物中使用有机铜有一定效果,这些有待进一步研究。

在动物的不同生长阶段,高铜促生长效果是不同的,猪越小效果越好。据美国 154 个试验统计表明,高铜可分别提高仔猪、生长猪和肥育猪日增重 22.1%、6.5%、3.6%(Wallance,1967),而对于体重 5~10kg 的仔猪,甚至可提高日增重 32%(Baker,1986)。因此,建议在猪体重低于 50~60kg 时,使用高铜作为促生长添加剂(Prince,1984)。据此认为,后期效果不稳定,可能与铜在肝脏中积累过多有关。

四、矿物元素

锌、铁、钙、钼、硫及镉等矿物元素都会对铜的吸收利用产生影响,但与铜的关系最密切的是锌和铁。高铜会降低铁和锌的吸收。可引起缺铁和缺锌等不良反应,反过来补锌可降低体内铜含量,同时可防止铜中毒。现已清楚,铜与锌在小肠的相同部位被吸收,吸收过程分两步:第一步,铜、锌从肠腔进入肠黏膜结合;第二步,铜、锌从黏膜细胞进入血浆。前一过程是以金属巯基组氨酸三甲基内盐(MT)的形式和大分子蛋白质结合转运,后一过程为蛋白质的转移,超出生理需要量的锌可促进 *MT* 基因的表达,诱导合成大量的 MT(Charles,1983;杨月欣,1996)。MT 可与铜、锌结合,但与铜结合更牢固,这样就阻止了铜从黏膜细胞向血浆中转运的过程（Wapinr，1990）。而饲粮铁水平高于正常需要量时，可降低肝铜水平，铁对铜的吸收有抑制作用（Bradley，1983；Gipp et al.，1973）。研究表明，铁通过与铜竞争在肠道上的结合位点，从而降低铜的吸收效率。另外，锌、铁过多会竞争性抑制铜酶而形成锌酶和铁酶。肉仔鸡采食低钙日粮，因肠道对铜的吸收增加，对高铜更加敏感，易导致铜中毒（Leach，1990）。Prince 等（1984）发现，若分别把日粮中钙、磷水平从0.65%和0.55%提高到1.2%和1.0%，会使猪生长更好一些。钼与铜起拮抗作用，过多的钼可与含硫氨基酸分解产物结合形成硫钼酸，硫钼酸可与铜结合形成一种难以溶解的铜钼酸盐的复合物（CuMoSO$_4$），因而降低铜的利用率（Dick，1975）。另外，形成的硫钼酸盐有封闭肠道黏膜细胞对铜吸收的作用。饲料中含有过量的硫元素时，硫与铜将结合生成极难溶解的 CuS 沉淀，进而影响铜的吸收。在比例协调时，锰能促进铜在小肠壁的吸收。还有许多元素如铅、镍、银等均是铜的拮抗因子。

五、抗生素

高铜与抗生素对提高动物日增重和饲料转化率有加性效益，合用比单用效果更好（Cromwell，1981；Banch，1963；Edmonds，1985），Stahly（1980）研究表明，250mg/kg 铜、50mg/kg 金霉素或 25mg/kg 土霉素单独使用都可提高断奶仔猪日增重21%，而同时添加则可提高日增重36%。现已证实高铜与以下几种抗菌素并用能获得更好的日增重：青霉素（Mahan，1980）、泰乐菌素（Bearnes，1969）、金霉素 – 磺胺二甲基嘧啶 – 青霉素、泰乐菌素 – 磺胺二甲基嘧啶（Edmonds，1985），原因如下。

一是两者的抗菌谱不同，或高铜的抗菌谱更宽。

二是两者抗菌作用方式不同，在美国抗菌素和高铜并用的试验中，75%是成功的。

六、其他因素

饲料中较高含量的植酸（主要来自糠麸类物质）能螯合铜，从而减少其吸收，而 Lee 等（1988）报道，植酸盐可增加铜的生物有效性；菜籽饼中的硫甙苷和棉籽饼中的棉酚在一定程度上降低铜盐在小肠上部的吸收；当鸡饲粮中半胱氨酸量达 4 000mg/kg，可明显降低铜的吸收，据此认为，半胱氨酸可与铜形成一个结合体，从而影响铜的吸收（Aoyagi，Baker，1994）。

第四节　高铜的促生长作用机理

研究表明，高铜具有促生长作用，其作用机理主要有以下几个方面。

一、高铜对消化道内环境的影响

尽管使用高剂量铜作为仔猪的促生长剂已很普遍，但铜的促生长作用的机理迄今为止并未被完全解释清楚。早期的一些研究认为，铜的促生长作用归因于它的抗微生物特性，其类似于抗生素（Hawbaker et al.，1961；Miller et al.，1969；Lioyd et al.，1978）。但随后的研究发现，高铜与抗生素的作用机理显然不同（Bowland，1990）。Radecki 等（1991）发现高铜可使肠黏膜细胞的更替速度减慢 30%，细胞转换率降低的主要原因是细胞生命周期的延长，这样高铜可通过降低消化道的能量需要而减少整个机体的维持能量需要。Radecki 等（1992）研究了 21 天断奶仔猪添加 250mg/kg 铜对小肠黏膜酶活性、形态学及转化效率的影响。结果发现，高铜日粮对小肠黏膜 6 -磷酸葡萄糖酶、碱性磷酸酶活性以及肠隐窝浓度、绒毛高度、上皮细胞大小、绒毛上皮细胞的迁移率均影响不大，但降低了小肠上皮细胞的更新速率，尤其是空肠。这可能导致用于维持胃肠道功能的能量减少，而用于维持体增重的能量增加。

二、高铜对采食量的影响

Zhou 等（1994）试验表明，静脉注射铜对猪也有促生长作用；并认为猪采食量的增加是高铜促生长作用的主要因素。Pekas（1985）指出，采食量的增加不仅会提高生长速度，而且还会提高饲料的利用率，因为额外的养分不必用来提供维持能量的需要，而可以全部被用来促进生长。高铜对采食量的影响，国内外的报道不一致。Cromwell（1989）的综述表明，大多数情况下，添加高剂量铜对采食量影响很小。而另一些研究人员（Burnell，1989；Kornegay，1989；Zhou，1994）却发现高铜饲粮显著地提高了采食量。Paru 等（1986）给兔静脉注射铜刺激了具有类似促进猪强烈采食的从下丘脑分泌的神经肽 Y 激素。Fods（1989）研究表明，神经肽 Y 激素分泌可以促进动物的采食。

三、高铜对酶系统的影响

高铜可能刺激与营养消化利用有关的酶的活性，从而促进营养物质的吸收。Luo 等（1996）报道，添加 250mg/kg 铜（$CuSO_4$）能显著提高仔猪小肠脂肪酶和磷酸酯酶 A 的活性。酶活性的提高最终导致断奶仔猪对饲料脂肪消化率的提高，随之影响必需脂肪酸和脂溶性维生素的增加，并影响体内营养代谢的其他方面，从而促进猪的生长。孙素玲等（1996）的试验也说明，日粮中同时添加脂肪和高水平铜，不但可促进断奶仔猪生长，还可提高饲料效率。

高剂量的饲粮铜水平，增加肝脏过氧化物歧化酶（Zhou et al.，1994；许梓荣等，2000）、Cu-Zn-SOD 的活性和比活性（江宵兵等，1990），以及血浆谷胱甘肽过氧化物酶的活性（刘昊等，1992；张婉如，1986）。血清碱性磷酸酶的活性也显著升高（杨洪等，1991），但不影响小肠胰酶、胰凝乳酶、胰凝乳蛋白酶、淀粉酶以及胰腺中 5 种酶的任一种酶的活性（Luo et al.，1996）。高铜日粮能提高氮的消化率，降低氮储留。董志岩等（1999）试验指出，高铜日粮（200mg/kg、250mg/kg）在不同铁、锌水平下，血清尿素氮（BUN）值分别比对照组下降 16.88% ~ 36.62%，差异极显著，日增重高的组其 BUN 值低，而 BUN 值是衡量动物血液中氨基酸用于合成蛋白质效率的指标，低 BUN 值说明了高铜处理的仔猪蛋白质合成效率得到改善，这与有关报道的高铜促生长效应相符合。

四、高铜对免疫的影响

研究表明，铜可以通过提高含铜酶的活性增强机体的免疫机能。机体在代谢过程中产生大量的超氧阴离子自由基（O_2^-），它会引起蛋白质、核酸变性，膜结构发生脂质过氧化反应，从而对机体产生损伤，降低免疫力。含铜酶细胞色素 c 氧化酶和超氧化物歧化酶分别在氧化代谢的终端阶段和抗御氧化自由基方面起中心作用（方允中，1993）。Shurson 等（1990）发现，饲喂高铜日粮提高了无病菌环境饲养猪的嗜中性白细胞和单核细胞的百分含量，且血浆铜蓝蛋白氧化酶的活性也较常规饲养猪高。赵昕红等（1999）的研究中发现，高铜饲养组猪的嗜中性白细胞和单核细胞比率增加，且提高了抗氧化酶（SOD 和 GSH-Px）的活性，这样仔猪清除自由基的能力增强，提高了仔猪的抗应激能力。

五、高铜对激素的影响

Zhou 等（1994）对断奶仔猪静脉注射组氨酸铜，得到了与在饲料中添加高剂量铜一样的促生长效果，并发现高剂量铜使猪血清中生长激素 mRNA 含量增加。罗绪刚等（2000）的最新研究发现，高剂量甘氨酸铜来源的铜，显著提高了断奶仔猪脑垂体生长激素 mRNA 的水平。早在 1973 年 Labella 等的体外研究表明，铜刺激了牛垂体分泌生长激素（GH）。在最近的研究中发现，生长猪饲粮中添加高剂量铜使血清中 GH 浓度显著升高（$P < 0.01$）（许梓荣等，2000），与 Zhou 等（1994）、吴新民（1998）在仔猪上的报道是一致的。GH 是控制动物生长的最主要激素之一，具有促进体内蛋白质沉积、骨骼生长等功能。对于生长猪来说，GH 是提高蛋白质沉积的一个主要生理因子。此外，添加铜还使猪垂体中 cAMP 含量显著增加（许梓荣等，2000），cAMP 浓度的升高可增强腺垂体内分泌机能，促进腺垂体细胞合成和释放 GH。因此，推测 GH 合成与分泌增加，可通过直接作用于靶组织或通过作用于肝脏的受体而诱导生长素介质（SM）的产生，再通过 SM 作用于效应细胞，从而发挥促进蛋白质合成的促生长效应。

　　综上所述，铜的促生长作用可能是通过全身系统的调控而发挥作用的。其促生长作用可能与其提高消化、对有关酶活性和生长基因的刺激等多方面因素有关。

第四章　纳米铜对肉鸭生产性能及
生化指标的影响

第一节　概　述

20世纪中叶，Stockstad首次报道，在饲料中添加抗生素对畜禽生长具有促进作用，从而拉开了抗生素添加剂被广泛应用的序幕。毫无疑问，抗生素添加剂在预防畜禽疾病的发生和促进畜禽生长等方面，起到了积极的作用，在满足社会日益增长的畜产品需要与提高畜牧生产的效率和效益方面，作出了不可磨灭的贡献。然而，抗生素滥用情况日益严重，人类在享受抗生素带来的实惠的同时，对抗生素等化学药物所带来的副作用也有了更深刻的认识，如药物残留及二重污染、耐药菌株的产生、正常微生态环境平衡的破坏、畜禽免疫力的降低等，特别是畜产品中药物残留可能导致人类DNA结构的改变，从而造成"致残""致畸""致癌"等严重后果；而耐药菌株则可通过R因子转移使耐药性扩散，造成大面积污染，对人类构成潜在的威胁。对此，越来越多的国家和地区建立了相应的政策和法规对抗生素的使用加以规范和限制。如金霉素和磺胺二甲基嘧啶是畜禽生产中常用的抗生素，其防病促生长作用已受到人们的共识，但关于它们在动物性食品中残留超限的报告屡见不鲜，对消费者的健康造成了潜在危害。我国农业部2002年新颁布的《动物性食品中兽药最高残留量》中规定：

金霉素（CTC）在家禽肌肉中的最高残留限量（MRL）为0.1mg/kg，肝脏中 MRL 为 0.3mg/kg，肾脏中 MRL 为 0.6mg/kg。磺胺二甲基嘧啶（SM2）在家禽肝脏、肾脏、肌肉中的 MRL 均为 0.1mg/kg。联合国食品法典委员会（CAC）、欧盟对抗生素的 MRL 也作了严格的规定，日本甚至规定在动物性食品中不得检出抗生素残留。因此，抗生素替代品的开发尤为迫切。

19 世纪 40 年代，Harless 发现了软体动物血中的铜具有重要作用。1878 年，Fredering 首先从章鱼血中的蛋白质配合物中将铜分离出来，并称为铜蓝蛋白。1928 年，Hart 才发现铜是机体的必需微量元素之一。1955年，Barber 等首次提出，对生长肥育猪添加高于正常生理需要量数十倍的铜可提高生长速度和饲料利用率。此后铜作为一种有效的促生长剂在养猪业中被广泛应用，高剂量铜作为促生长剂被认为高效、廉价和使用方便（Cromwell，1983；Burnell，1988）。近年来，对肉鸭、肉鸡日粮中添加高铜也有一些研究。作为食物链的组成成分，高铜在畜禽生产上的应用必然会对环境产生影响（Grohler，1999），猪日粮中添加铜 125mg/kg 和250mg/kg，粪便中浓度高于对照组 10 倍以上。日粮中的高铜随粪便排泄，会增加土壤中铜的浓度（Blood et al.，1979；钱莘莘，1998）。因此，长期施用高铜畜禽粪便，土壤中铜含量可能超过国家土壤环境质量标准。土壤微生物是土壤的重要组成成分，杨居荣等（1982）研究表明，铜对微生物生物量的影响较大，尤以解磷细菌（大肠杆菌、大芽孢杆菌）最为敏感。此外，高铜还可显著地抑制土壤中多种生物过程，特别是硝化过程，这些过程对土壤肥力有着重要意义。土壤中铜浓度增加，植物生长受到抑制，植物的变化无疑将影响整个食物链（王幼明等，2001）。由于饲料中的铜只有5%～20%被消化道吸收，而被吸收的铜又有 60%～80%随胆汁排入消化道，猪对胆汁铜的利用率极低，绝大部分铜最终将随粪便排出体外（Blood，1979），不仅污染环境，同时也是一种极大的资源浪费。欧共体国家先后规定在饲料中禁止使用高剂量铜，因而各国学者都想方设法去除高铜这一副作用。有机铜、氨基酸螯合铜、各种蛋白铜等与常规无机铜相比具有水溶性强、易消化吸收、抗干扰及稳定性好等优点，故营养学家先后设计以有机铜替代无机铜，但大量试验证明，有机铜和氨基酸螯合铜的效果等同于硫酸铜（Stansbury，1990；Van Hergen，Coffey，1992；Coffey，1994）。提高营养物质利用率特别是矿物质元素利用率，不但有利于畜禽的健康生长，也有利于健康畜产品的生产和环境保护，要求改变现行矿物质预混料利用现状的呼声越来越高。因此，寻求高效、安全、环保的添加剂和新技术始终是动物营养和饲料科学工作者义不容辞的责任。能否用纳米添加剂代替目前饲料和养殖生产中使用的常规抗生素，这对饲料工业和养殖业来说是一个新的思路。

纳米技术于 20 世纪 80 年代末兴起，早在 20 世纪中叶，诺贝尔奖得主、量子物理学家费曼做过一次题为《底部还有很大空间》的演讲，被公认为是纳米技术思想的来源。1984 年，德国萨尔兰大学的 Gleiter 以及美国阿贡试验室的 Siegel 相继成功地制得了纯物质的纳米粉粒。1990 年 7 月，美国召开了第一届国际纳米科学技术会议，正式宣布纳米材料科学为材料科学的一个新分支。纳米科技被美国、欧盟、日本等国家列入重点发展项目。我国也将纳米科技列入"攀登计划"、十五规划等重点项目。一些国家已不再只停留在应用基础研究阶段，而是申请大量专利，抢占战略制高点。

Florence（1998）指出，营养物质的颗粒大小是影响胃肠道对其吸收的一个关键因素。Eldridge、Damge、Jani 也证实了这一结论。研究表明，粒径小于 5mm 的微粒可通过肺，粒径小于 300nm 的微粒可进入血液循环，小于 100nm 能进入骨髓，因此纳粒系统更易通过胃肠黏膜，使其透皮吸收的生物利用度得以提高。Desai 目前在小鼠中心研究实验表明，100nm 的微粒比其他大粒子的吸收率高 10～250 倍，分析其原因可能是由于纳米微粒具有小尺寸效应和表面效应。当粒径减小时，表面原子数迅速增加，从而可增大暴露在介质中的表面积，提高动物对其的吸收利用率。因此，对饲料原料进行纳米化处理后，可以使原料中那些动物不可缺少而又较难采食的营养成分能充分地被动物吸收，因为大分子物质被粒化成纳米粒径后，能穿透组织间隙，也可通过机体最小的毛细血管，分布面广，从而可最大限度地提高饲料原料的生物利用率。

本书是在国内外对纳米技术和高铜促生长研究的基础上，以樱桃谷肉鸭为试验对象，研究在日粮中添加纳米铜和抗生素对肉鸭生产性能、胴体组成、内脏器官和血清生化指标的影响，并探讨其作用机理，从而为纳米铜替代抗生素提供理论依据。

第二节　试验设计与分组

一、试验设计

1. 试验动物

试验选取浙江百步养殖场提供的 1 日龄樱桃谷肉鸭 600 只，采用完全随机试验设计，试验期为 35 天，试验分 1 ~ 14 日龄、14 ~ 36 日龄两个阶段，设 4 个处理，两个对照组（D1 组、D2 组），两个试验组（S1 组、S2 组），每个处理设 3 个重复，每个重复 50 只鸭，公母各半（表 4 – 1）。

表 4 – 1　试验设计

处理组	饲粮组成
空白组（D1 组）	基础日粮
抗生素组（D2 组）	基础日粮 + 50mg/kg 金霉素 + 20mg/kg 磺胺二甲基嘧啶
纳米铜组（S1 组）	基础日粮 + 52mg/kg 纳米铜
纳米铜 + 糖萜素组（S2 组）	基础日粮 + 52mg/kg 纳米铜 + 500mg/kg 糖萜素

2. 试验分组

基础日粮以玉米—豆粕为主，基础日粮及其营养成分见表 4 - 2。日粮配制是参照樱桃谷肉鸭的营养需要，参考美国 NRC（1994 版）北京鸭营养需要，按肉鸭前期（1 ~ 14 日龄）和后期（14 ~ 36 日龄）分别配方，加工成粉料，然后按试验设计要求加入不同水平的抗生素和纳米铜组成各组的试验饲料。

表 4 - 2　试验基础日粮及其营养水平

原料（%）			营养水平		
	1 ~ 14 日龄	14 ~ 36 日龄		1 ~ 14 日龄	14 ~ 36 日龄
玉米	57	40	代谢能 ME（Mcal/kg）	2.85	2.65
四号粉	7	18	粗蛋白 CP（%）	19.20	15.00
玉米蛋白粉	2	—	钙 Calcium（%）	1.00	0.95
清糠	4	20	磷 P（%）	0.55	0.50
普通豆粕	12	—	赖氨酸 Lys（%）	1.05	0.70
进口鱼粉	3	—	蛋氨酸 Met（%）	0.47	0.32
低蛋白豆粕	11	—	蛋氨酸 + 胱氨酸，M + C（%）	0.79	0.62
动物蛋白粉	—	3			
菜饼	—	9			
棉饼	—	4			
预混料	3	5			
添加剂	1	1			
合计	100	100			

注：（1）其中粗蛋白、钙、磷为实测值，其余均为计算值。

（2）预混料每千克含：Fe 68mg、Cu 41mg、Zn 130mg、I 0.32mg、Se 0.06mg、Mn 320mg、维生素 A 2 700IU、维生素 D_3 400IU、维生素 E 10IU、维生素 K_3 0.5mg、维生素 B_1 1.8mg、维生素 B_2 7.2mg、泛酸 10mg、维生素 B_6 3mg、烟酸 50mg、生物素 0.15mg、叶酸 0.55mg、维生素 B_{12} 0.09mg。

二、饲养试验

按常规免疫程序进行鸭瘟、鸭病毒性肝炎等疫苗接种，自由采食，自由饮水。试验期为 1～36 日龄。第一周采用24h 光照，以后每天减少1h 的光照。室内保温灯下的温度第一周为 32℃左右，第二周为 29℃左右，第三周至第五周为 26℃左右。每天观察鸭群健康状况，记录鸭只死亡数，结束时计算肉鸭死淘率。

第三节　纳米铜对肉鸭生产性能的影响

一、生产性能有关指标的测定

在试验开始、第14 天和 36 天早饲前逐只空腹称重，结料，并以重复为单位计算，统计各阶段试鸭日增重（ADG）、日采食量（ADFI）和饲料增重比（F/G）。

试验结束后，随机从每组取 18 只体重相近的肉鸭（公母各半），共72只，绝食24h 后，进行放血屠宰、分割。

二、结果与分析

由表4－3 和图 4－1 可以看出以下几点。

表4－3　纳米铜对肉鸭生产性能的影响

指标	D1 组	D2 组	S1 组	S2 组
始重（g）	55.4±0.45[a]	55.4±0.60[a]	55.4±0.53[a]	55.5±0.50[a]
14 日龄末重（g）	580.5±0.92[a]	587.9±28.55[a]	592.5±2.19[a]	588.2±31.03[a]
36 日龄末重（g）	2 035.5±0.98[a]	2 085.7±3.85[a]	2 109.1±4.92[a]	2 065.5±10.11[a]
1～14 日龄				
ADG（g/d）	40.98±2.37[a]	40.97±2.22[a]	40.4±0.10[a]	41.22±0.8[a]
ADFI（g/d）	57.36±3.89[a]	57.23±1.66[a]	58.08±2.39[a]	56.64±0.76[a]
F/G	1.40±0.036[ab]	1.40±0.02[ab]	1.44±0.055[a]	1.37±0.021[b]
死淘率（%）	6.04[a]	3.33[b]	0.67[c]	2.67[b]

（续表）

指标	D1 组	D2 组	S1 组	S2 组
14~36 日龄				
ADG（g/d）	65.83±0.50[b]	68.12±1.48[ab]	69.48±2.26[a]	66.95±3.12[ab]
ADFI（g/d）	169.84±0.28[a]	169.62±1.54[a]	174.39±1.72[a]	170.05±2.98[a]
F/G	2.58±0.09[a]	2.49±0.05[a]	2.51±0.03[a]	2.54±0.006[a]
死淘率	2.86[a]	0[c]	0[c]	0.68[b]
1~36 日龄				
ADG（g/d）	56.68±0.72[b]	58.01±0.66[ab]	58.68±0.63[a]	57.45±1.82[ab]
ADFI（g/d）	128.10±1.82[a]	130.52±0.73[a]	130.85±0.05[a]	128.64±1.21[a]
F/G	2.26±0.035[a]	2.25±0.025[a]	2.23±0.001[a]	2.24±0.01[a]
死淘率	8.72[a]	3.33[b]	0.67[c]	3.33[b]

注：同行数据中肩注小写字母不同者差异显著（$P<0.05$）或极显著（$P<0.01$），下同。

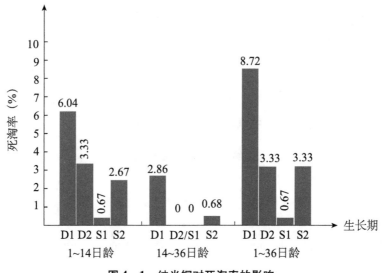

图 4－1　纳米铜对死淘率的影响

（1）1～14 日龄，纳米铜组（S1 组）显著降低了肉鸭死淘率（$P<0.01$），纳米铜组比空白组（D1 组）、抗生素组（D2 组）分别降低死淘率88.9%和80.0%。纳米铜＋糖萜素组（S2 组）比 D1 组和 D2 组分别降低死淘率55.8%和20.5%（$P<0.05$），D2 组比 D1 组降低死淘率

44.9%（$P < 0.05$）；在 14 ~ 36 日龄，S1 组与 D2 组死淘率均为 0，D1 组死淘率为 2.86%，S2 组死淘率为 0.68%，可见，纳米铜与抗生素均极显著降低了肉鸭死淘率（$P < 0.01$）；从整个饲养过程来看，S1 组较 D1 组、D2 组、S2 组分别降低死淘率 92.3%、79.9% 和 79.9%，差异极显著（$P < 0.01$）。S2 组较 D1 组降低死淘率 61.8%，差异显著（$P < 0.05$）；但 S2 组与 D2 组相比，对降低肉鸭死淘率没有明显差别（$P > 0.05$），D2 组与 D1 组相比显著降低死淘率（$P < 0.05$）。

（2）从日增重（ADG）来看，在 1 ~ 14 日龄，各组之间差异均不显著。但相比之下，S2 组的 ADG 稍高；在 14 ~ 36 日龄，S1 组 ADG 较 D2、S2 组稍高，但差异不显著（$P > 0.05$），S1 组与 D1 组相比 ADG 升高 5.5%（$P < 0.05$）。S2 组 ADG 与 D1 组、D2 组相比无显著影响（$P > 0.05$）。从试验全期看，S1 组与 D1 组相比能显著升高 ADG，升高了 3.5%（$P < 0.05$），S1 组与 D2、S2 组相比 ADG 升高 1.1% 和 2.1%，但差异不显著（$P > 0.05$）。

（3）对于日采食量（ADFI）而言，从各个阶段来看，S1 组比其他三组均高，但差异不显著（$P > 0.05$）。

（4）从料重比（F/G）看，在 1 ~ 14 日龄，S1 组料重比最高，S2 组料重比最低；S1 组与 S2 组相比，差异显著（$P < 0.05$），S1 组比 D1 组、D2 组组的 F/G 均高，差异显著（$P < 0.05$）；S2 组比 D1 组、D2 组 F/G 均低，差异不十分显著（$P > 0.05$）；从饲养后期来看，各组间相比，F/G 均无显著差异；从饲养全期来看，F/G 值由小到大为 S1 < S2 < D2 < D1，但各组间相比，差异均不显著（$P > 0.05$）。但可以看出，S2 组在饲养前期降低了料重比，但后期料重比有增加趋势。S1 组前期料重比高，但后期有降低料重比的趋势。抗生素前期降低了料重比，但后期增加了料重比，所以总的来看，纳米铜降低了料重比，提高了饲料利用率。

（5）以上结果说明，肉鸭饲料中单独添加 52mg/kg 纳米铜，可以显著降低肉鸭死淘率,通过提高日增重、日采食量,从而降低肉鸭料重比,提高了饲料利用率。

三、讨论

饲养试验结果表明,在饲粮中单独添加纳米铜可显著提高肉鸭的生长速度,显著降低了肉鸭死淘率,这可能是因为纳米粒子具有不同于宏观和微观性质的特性。当物质小到 1 ~ 100nm 时,由于其量子效应,特质的局域性及巨大的表面及界面效应,使物质的很多性能发生质变,呈现出许多既不同于宏观物体,也不同于单个原子的奇异现象(白春礼,2001)。当无机铜达到纳米级时,它的很多性能已是用常规硫酸铜所无法解释的,说明纳米铜的促生长性能和降低死淘率与它所具有的独特的纳米特性有关。同时试验也发现,饲粮中同时添加纳米铜和糖萜素对肉鸭生长速度,死淘率的影响次于单独添加纳米铜。糖萜素是从山茶科植物籽实加工后的饼粕中提取的三萜皂苷类、糖类与有机酸的混合物,是近几年来新开发的绿色饲料添加剂。糖萜素对提高动物机体免疫力、抗应激作用、提高畜禽生产性能和改善畜产品品质等方面都具有明显的效果。张忠远等(2002)报道,糖萜素在肉仔鸡增重效果上与金霉素相比,强于金霉素,但效果不明显,但在料重比上显著低于金霉素,说明糖萜素具有提高饲料转化率的作用。纳米铜与糖萜素混加,作用效果次于单独添加纳米铜,笔者认为这可能是因为糖萜素内的三萜皂苷在一定程度上降低铜盐在肉鸭小肠上部的吸收(Lee,1998),从而降低了纳米铜的作用。还有报道认为,一些促生长剂如有机砷制剂、有机酸制剂与高铜并用和高铜单用的效果也不同(Edmonds,1985)。糖萜素中的有机酸有可能降低纳米铜的作用。

金霉素(CTC)与磺胺二甲基嘧啶(SM2)是两种广谱抗菌药,对它们的促生长作用方面的报道已不少。佟建明(2001)报道,金霉素的促生长作用随日龄增加而减弱，与本试验结果一致，而纳米铜的促生长作用却随日龄增加而增强。这可能是由于抗生素随时间增长在动物体内产生蓄积，从而使细菌产生耐药性的缘故。因此，抗生素在动物生长后期对肠道微生物的作用会减弱甚至消失（佟建明）。而纳米铜由于它的比表面积大，表面反应活性高，表面活性中心多，催化效率高，吸附张力强，表现出了越来越强的促生长能力。

研究表明，纳米铜提高了肉鸭的日增重和降低了料重比。纳米铜组与空白组相比提高日增重 3.5%，与抗生素组相比提高日增重 1.1%，而纳米铜+糖萜素组的日增重却低于抗生素组。这也是由于糖萜素影响纳米铜作用效果的缘故。王艳华（2002）报道，饲粮中添加 5mg/kg 和 60mg/kg 纳米铜显著提高仔猪的日增重和饲料转化率。还有多数学者认为，猪日粮添加 125～250mg/kg 铜能提高日增重和饲料转化率，但对仔猪来说，并不是所有研究都如此，Braude（1975）总结十年的试验结果，发现约 10% 的试验中添加铜无效果或产生副作用。影响铜作用效果的因素很多，如饲粮中蛋白质来源、蛋白质水平以及其他微量元素和组成等都可能对铜的作用效果产生影响。

Zhou 等（1993）发现高剂量铜可明显提高仔猪的采食量，指出这可能是铜促进生长的一个原因。本次试验结果表明，添加纳米铜提高了肉鸭的日采食量，但与各组对比差异不显著。程忠刚（1999）的研究也发现高铜显著提高了仔猪的采食量。Barber 等（1995）的早期研究中观察到添加硫酸铜对采食量无效。Cromwell（1989）也认为大多数情况下高水平铜对采食量的影响很小。可见国内外对采食量影响的报道并不一致。本研究发现，饲粮中添加纳米铜使肉鸭日增重升高，料重比降低，这与王艳华（2002）纳米铜对仔猪的报道一致。

由以上讨论可以得出，纳米铜与抗生素相比，提高了肉鸭生长速度，降低了料重比，提高了饲料转化率，所以在提高肉鸭生产性能方面，纳米铜是可以替代金霉素和磺胺二甲基嘧啶的。

第四节　纳米铜对肉鸭胴体性能的影响

一、胴体性状测定

测定活重、屠体重（放血后去毛）、全净膛重（屠体去内脏）、半净膛重、胸肌重、腿肌重、腹脂重（板油重＋肌胃周围脂肪）、肌间脂肪厚、皮脂厚。计算屠宰率（屠体重/活重），全净膛率、半净膛率、胸肌率、腿肌率、腹脂率均为该项指标与屠体重的比率。肌间脂肪厚为：在胸骨剑突末端处测量胸肌边缘脂肪带宽度（cm）。皮脂厚为：用游标卡尺在尾椎前端测量皮脂厚度（cm）。计算出肌间脂肪评分和皮脂评分。

二、结果与分析

由表 4 - 4 可以看出以下几点。

表 4 - 4　纳米铜对肉鸭胴体性能的影响

指标	D1	D2	S1	S2
活重（g）	2 035.5 ± 0.98[a]	2 085.7 ± 3.85[a]	2 109.1 ± 4.9[a]	2 065.5 ± 10.11[a]
屠宰率（%）	89.18 ± 0.34[b]	89.72 ± 0.65[b]	91.28 ± 0.50[a]	89.73 ± 0.69[b]
全净膛率（%）	81.49 ± 1.46[b]	85.39 ± 0.64[ab]	86.98 ± 2.74[a]	84.98 ± 1.26[ab]
半净膛率（%）	88.62 ± 1.57[b]	92.74 ± 0.86[a]	93.69 ± 2.5[a]	90.8 ± 0.24[ab]
胸肌率（%）	5.22 ± 0.35[a]	5.29 ± 0.44[a]	5.38 ± 0.39[a]	5.27 ± 0.45[a]
腿肌率（%）	9.30 ± 0.59[a]	9.53 ± 0.16[a]	9.80 ± 0.40[a]	9.45 ± 0.22[a]
腹脂率（%）	1.28 ± 0.26[a]	1.12 ± 0.06[a]	1.11 ± 0.24[a]	1.26 ± 0.16[a]
肌间脂肪评分	3.00 ± 0[a]	2.83 ± 0.153[a]	2.77 ± 0.208[a]	2.92 ± 0.144[a]
皮脂评分（分）	2.83 ± 0.289[a]	2.73 ± 0.251[a]	2.47 ± 0.115[a]	2.71 ± 0.04[a]

（1）S1 组显著提高了肉鸭屠宰率、全净膛率和半净膛率（$P < 0.05$）。S1 组比 D1 和 D2 组分别提高屠宰率 2.4% 和 1.7%；S2 组与两个对照组相

比，对屠宰率无显著影响（$P > 0.05$）。S1 组比两对照组提高全净膛率 6.7% 和 1.9%；提高半净膛率 5.7% 和 1.0%，而 S2 组与两对照组相比差异不显著（$P > 0.05$）。D2 组和 D1 组相比对全净膛率、屠宰率无显著影响，但显著提高了半净膛率（$P < 0.05$）。

（2）S1 组与 D1 组、D2 组相比分别提高胸肌率 3.1% 和 1.7%（$P > 0.05$）；S2 组与 D1 组相比提高胸肌率 1.0%，但比 D2 组降低胸肌率 0.4%（$P > 0.05$）。

（3）S1 组比 D1 组提高腿肌率 5.4%，比 D2 组提高腿肌率 2.8%（$P > 0.05$）。S2 组比 D1 组提高腿肌率 1.6%，比 D2 组降低腿肌率 0.8%（$P > 0.05$）。

（4）S1 组比 D1 组降低腹脂率 13.3%，比 D2 组降低腹脂率 0.9%（$P > 0.05$）；S2 组比 D1 降低腹脂率 1.6%，比 D2 组提高腹脂率 12.5%（$P > 0.05$）。

（5）S1 组比 D1 组降低肌间脂肪评分 7.7%，比 D2 组降低 2.1%（$P > 0.05$）；S2 组比 D1 组降低肌间脂肪评分 2.7%，但比 D2 组提高 3.2%（$P > 0.05$）。

（6）S1 组比 D1 组降低皮脂评分 12.7%，比 D2 组降低 9.5%（$P > 0.05$）；S2 组较 D1 组降低皮脂评分 4.2%，比 D2 组降低 0.7%（$P > 0.05$）。

（7）由以上结果可知，纳米铜与抗生素相比，能显著提高肉鸭屠宰率（$P < 0.05$），能提高肉鸭胴体品质，但差异不显著（$P > 0.05$）。纳米铜+糖萜素与抗生素相比，对胴体组成的影响差于抗生素，但差异不显著（$P > 0.05$）。

三、讨论

本次试验结果表明，纳米铜比抗生素显著提高了肉鸭屠宰率、全净膛率和半净膛率，提高了肉鸭胸肌率、腿肌率，降低了腹脂率、肌间脂肪评分和皮脂评分；而纳米铜 + 糖萜素组与抗生素组相比降低了胸肌率、腿肌率，而提高了腹脂率，肌间脂肪评分和皮脂评分。这说明单一添加纳米铜可以提高肉鸭瘦肉率，降低脂肪率，改善肉鸭胴体品质。

关于铜对禽类胴体品质的影响未见报道。程忠刚（1999）发现，250mg/kg 的铜显著提高了猪背最长肌重量，而瘦肉率及眼肌面积也有提高的趋势，但差异不显著。Zhou（1994）也报道，高铜对猪背最长肌重量提高，瘦肉率和眼肌面积提高不显著。笔者认为纳米铜对胴体组成的影响可能与 GH 和 IGF-I 的作用有关。Boyd（1986）报道，用 PGH 处理猪后，眼肌面积和瘦肉率增加，脂肪率下降。Machlin（1972）也曾报道，用 PGH 处理生长肥育猪使眼肌面积增加，后腿比重增大。IGF-I 能促进动物体内氮的沉积，刺激蛋白质合成，抑制蛋白质降解（Frybury，1994）。用 IGF-I 纯品注入切除垂体的大鼠体内，可使其胫骨宽度和体重显著增高（Davies，1996）。此外，GH、胰高血糖素及儿茶酚胺等物质均可通过 cAMP 使激素敏感脂酶磷酸化而激活进而脂肪分解。笔者认为纳米铜对肉鸭胴体组成的改变是通过促进生长激素分泌而改变胴体组成的。

第五节　纳米铜对肉鸭内脏器官的影响

一、内脏器官指标的测定

称心、肝、肾、胃、胰重，求与屠体重的比率，即得心重率、肝重率、肾重率、胃重率、胰重率。

二、结果与分析

由表 4 - 5 可知，S1 组与两对照组相比，对心、肝、肾、胃、胰重量的影响均不显著（$P > 0.05$），S2 组对内脏器官的影响也均不显著（$P > 0.05$）。S1 组与 D2 组相比，肝重率和肾重率均低于 D2 组，但却高于 D1 组的肝重率和肾重率。

表 4 - 5　纳米铜对肉鸭内脏器官的影响

指标	D1	D2	S1	S2
心重率（%）	0.54 ± 0.06[a]	0.57 ± 0.04[a]	0.60 ± 0.052[a]	0.56 ± 0.04[a]
肝重率（%）	2.15 ± 0.125[a]	2.49 ± 0.276[a]	2.26 ± 0.052[a]	2.20 ± 0.251[a]
肾重率（%）	0.53 ± 0.03[a]	0.59 ± 0.05[a]	0.58 ± 0.03[a]	0.54 ± 0.041[a]
胃重率（%）	2.65 ± 0.244[a]	2.53 ± 0.08[a]	2.46 ± 0.20[a]	2.50 ± 0.07[a]
胰重率（%）	0.203 ± 0.051[a]	0.200 ± 0.03[a]	0.247 ± 0.02[a]	0.223 ± 0.029[a]

三、讨论

本试验表明，纳米铜使心重率、胰重率升高，但差异不显著。肝重率、肾重率与空白组相比升高，但与抗生素组相比降低，但差异均不显著。关于铜对肉鸭内脏器官的影响目前还未见报道，笔者认为肾重增加是由于体内铜部分由尿液排出，铜加重了肾脏排泄负担，代偿性反应诱发肾重增加，但与抗生素相比，肾重增加小，所以笔者认为纳米铜对肾脏的影响小于抗生素对肾脏的伤害。而肝重的增加，可能因为肝脏是动物体内重金属的解毒器官，肝脏重量增加，说明对肝脏有一定程度的损伤，但本试验中纳米铜组肝重与空白组相比虽有增加的趋势，但差异不显著（$P > 0.05$），而且与抗生素组相比，肝重率降低，这说明纳米铜对肝脏的影响小于抗生素。关于高铜对猪肝、肾的影响有一些报道。吴新明（1996）报道，高铜使猪肝、肾重量有增加趋势。程忠刚（1999）报道，添加 250mg/kg 铜使猪肾重显著增加，肝重有增加趋势，但差异不显著。本试验发现，纳米铜使肉鸭胃重率下降，胰重率升高，但差异不显著。纳米铜对消化器官影响未见报道，机理尚不清楚，有待进一步研究。但笔者认为，胰重增多，说明胰腺分泌增加，刺激胆囊和胃平滑肌收缩，促使胃运动增强，使食物与胃液更充分混合，提高消化率，从而达到促进肉鸭生产的目的。

第六节　纳米铜对肉鸭免疫器官的影响

一、免疫器官指数测定

取胸腺、脾脏、腔上囊称重后与屠体重做比较，所得比率为胸腺重率、脾脏重率、腔上囊重率。

二、结果与分析

由表 4 – 6 和图 4 – 2 至图 4 – 4 可以看出以下几点。

表 4 – 6　纳米素对肉鸭免疫器官重量的影响

指标	D1	D2	S1	S2
胸腺重率	0.160 ± 0.04^{b}	0.190 ± 0.04^{ab}	0.260 ± 0.04^{a}	0.230 ± 0.03^{a}
脾脏重率	$0.032 + 0.024^{a}$	0.034 ± 0.002^{a}	0.053 ± 0.005^{a}	0.044 ± 0.002^{a}
腔上囊重率	0.067 ± 0.01^{c}	0.090 ± 0.003^{b}	0.126 ± 0.004^{a}	0.095 ± 0.01^{b}

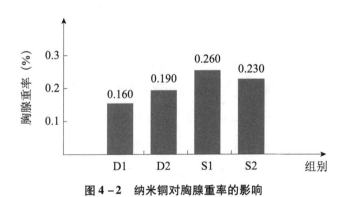

图 4 – 2　纳米铜对胸腺重率的影响

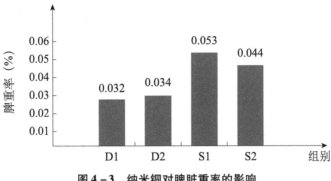

图 4 - 3 纳米铜对脾脏重率的影响

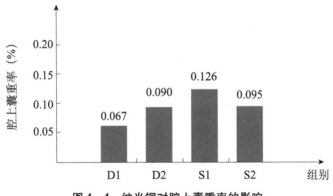

图 4 - 4 纳米铜对腔上囊重率的影响

（1）S1 组胸腺重率比 D1 组和 D2 组分别高 62.5% 和 36.8%（$P < 0.05$）；S2 组胸腺重率比 D1 组和 D2 组分别高 43.8% 和 21.0%（$P < 0.05$），D2 组比 D1 组胸腺重率提高 18.8%（$P > 0.05$）。

（2）对于脾脏重率，S1 组较 D1 组和 D2 组分别高 65.6% 和 55.9%；S2 组较 D1 组和 D2 组的脾脏重率分别高 37.5% 和 29.4%，但差异均不显著（$P > 0.05$）。

（3）S1 组的腔上囊重率较 D1 组和 D2 组分别高 88.1% 和 40.0%，差异极显著（$P < 0.01$）；S2 组的腔上囊重率与 D1 组相比提高 41.8%，差异极显著（$P < 0.01$），与 D2 组相比差异不显著（$P > 0.05$），D2 组比 D1 组腔上囊重率提高 34.3%，差异显著（$P < 0.05$）。

（4）由以上结果看出，纳米铜组显著提高了肉鸭胸腺重率和腔上囊重率（$P<0.01$），抗生素组和纳米铜＋糖萜素组也显著提高了胸腺重率和腔上囊重率（$P<0.05$），但抗生素组与纳米铜＋糖萜素组相比，对免疫器官指数影响差异不显著（$P>0.05$）。

三、讨论

本试验结果表明，纳米铜显著地提高了肉鸭胸腺重率、脾脏重率和腔上囊重率。刘玉兰（2003）报道，饲粮添加 $10\sim25mg/kg$ 铜对肉仔鸡免疫器官影响不明显。吴建设等（1999）报道，添加 0 和 $40mg/kg$ 铜与添加 $11mg/kg$ 铜相比，均使肉仔鸡免疫器官不同程度地萎缩（$P<0.05$），说明铜缺乏或过量均会导致免疫器官功能降低。周勃（1997）报道，$240mg/kg$ 铜使脾重量增加，与本试验结果一致。

关于铜影响免疫功能的机理，目前多数学者认为铜主要通过抗氧化酶系发挥作用。正常情况下，体内产生的超氧阴离子自由基 O_2^-、过氧化氢（H_2O_2）等强氧化剂被抗氧化酶系（超氧化物歧化酶、过氧化物酶和过氧化氢酶）及时清除。但是，铜缺乏或过量降低抗氧化酶系活性，导致 H_2O_2 积累，过多 O_2^- 使 NO（内皮细胞释放的肌肉松弛因子）氧化生成过氧亚硝酸盐直接攻击生物膜发生脂质过氧化，细胞膜结构和功能发生变化，流动性降低，导致细胞机能丧失，免疫机能下降（Palmer，1987）；过多 O_2^- 还使脱水酶铁硫中心铁释放生成 Fe^{2+} 攻击 DNA 链及由此导致 DNA 链进一步羟化，结构和功能丧失。过多 H_2O_2 使 Cu^+ 形成 Cu^+O、$Cu^{2+}-OH$ 攻击酶邻近组氨酸残基，使许多酶失活（Sato，1992）；过多 O_2^-、H_2O_2 还使还原型谷胱甘肽（GSH）氧化生成氧化型谷胱甘肽（GSSG），进而反馈抑制谷胱甘肽过氧化物酶（GSH-Px）活性，使机体清除过氧化物机能减弱而发生脂质过氧化（Meister，1983）。总之，铜以酶的形式参与 O_2^- 清除并通过抗氧化来保护生物膜结构和功能的完整性，实现免疫调节。

肉鸭免疫器官重量增加的原因尚不清楚，笔者推测这可能与肉鸭免疫器官的免疫活性上升有关。

第七节　纳米铜对肉鸭血清生化指标的影响

一、血样采集与测定

（一）血样的采集

试验结束后，每组随机取 18 只鸭，称重后，从颈静脉采血，每只 5mL，随即用 3 000r/min 离心机离心血清，加肝素钠，摇匀制备抗凝血于 −60℃保存待测有关指标。

（二）检测项目及方法（表4−7）

表4−7　检测项目及方法

项目	比色波长	测定方法	试剂来源
白蛋白（ALB）	600	溴甲酚氯法	宁波市慈城生化试剂厂
总蛋白（TP）	540	双缩脲法	宁波市慈城生化试剂厂
总胆固醇（CH）	500	终点法	宁波市慈城生化试剂厂
甘油三酯（TG）	500	终点法	宁波市慈城生化试剂厂
尿酸（Uric Acid）	500	终点法	宁波市慈城生化试剂厂
血清磷（P）	680	钼蓝法	宁波市慈城生化试剂厂
血清钙（Ca）	610	甲基百里酚蓝法	宁波市慈城生化试剂厂
谷草转氨酶（GOT）	505	比色法	宁波市慈城生化试剂厂
谷丙转氨酶（GPT）	505	比色法	宁波市慈城生化试剂厂
碱性磷酸酶（ALP）	405	速率法	宁波市慈城生化试剂厂

二、结果与分析

由表4−8可看出以下几点。

表 4 - 8　纳米铜对肉鸭血清生化指标的影响

指标	D1	D2	S1	S2
血清白蛋白（ALB）（g/L）	21.10 ± 1.95^a	20.23 ± 0.74^a	21.32 ± 3.54^a	22.40 ± 2.97^a
血清总蛋白（TP）（g/L）	43.11 ± 1.21^b	43.31 ± 2.32^b	45.08 ± 2.28^b	49.34 ± 2.28^a
总胆固醇（CH）（mmol/L）	4.95 ± 0.14^{bc}	5.60 ± 0.14^a	4.72 ± 0.30^c	5.26 ± 0.06^b
甘油三酯（TG）（mmol/L）	1.01 ± 0.22^b	1.27 ± 0.10^a	0.84 ± 0.07^b	1.06 ± 0.50^{ab}
血清钙（Ca）（mmol/L）	2.75 ± 0.02^a	2.95 ± 0.29^a	2.70 ± 0.06^a	2.75 ± 0.02^a
血清磷（P）（mg/dL）	12.18 ± 2.25^a	11.21 ± 0.17^a	11.14 ± 0.32^a	11.65 ± 0.59^a
尿酸（Uric Acid）（mg/dL）	13.40 ± 1.54^a	9.99 ± 2.24^{ab}	8.26 ± 1.66^b	12.71 ± 3.14^a
碱性磷酸酶（ALP）（IU/L）	363.74 ± 16.87^a	296.30 ± 23.83^b	279.49 ± 18.15^b	374.17 ± 18.15^a
谷丙转氨酶（GPT）（Karmen）	95.33 ± 0.95^b	142.25 ± 2.97^a	90.21 ± 1.40^c	88.41 ± 1.26^c
谷草转氨酶（GOT）（Karmen）	98.85 ± 2.28^b	124.42 ± 1.19^a	87.16 ± 0.54^c	98.16 ± 0.88^b

（1）S1 组使血清谷丙转氨酶（GPT）和谷草转氨酶（GOT）的活性较对照 D1 组分别显著降低了 5.37%（$P < 0.05$）和 11.8%（$P < 0.01$），较 D2 组分别显著降低了 36.6%（$P < 0.01$）和 29.9%（$P < 0.01$）；S2 组使 GPT 和 GOT 活性较 D1 组分别降低了 7.3%（$P < 0.05$）和 0.7%（$P > 0.05$），较 D2 组分别显著降低了 37.8%（$P < 0.01$）和 21.1%（$P < 0.05$）。

（2）S1 组较 D1 组尿酸显著降低了 38.4%（$P < 0.05$），较 D2 组降低 17.3%（$P > 0.05$）；S2 组较 D1 组尿酸降低 5.1%（$P > 0.05$），较 D2 组升高 27.2%（$P > 0.05$）。

（3）S1 组较 D1 组、D2 组胆固醇含量分别降低了 4.6%（$P > 0.05$）和 15.7%（$P < 0.01$）；S2 组较 D1 组胆固醇含量升高了 6.3%（$P < 0.05$），比 D2 组降低了 6.1%（$P < 0.05$）；S1 组较 D1 组、D2 组甘油三酯含量分别降低了 16.8（$P > 0.05$）和 33.9%（$P < 0.05$）；S2 组较 D1 组甘油三酯含量升高 5.0%（$P > 0.05$），较 D2 组甘油三酯含量降低 16.5%（$P < 0.05$）；

（4）S1 组总蛋白、白蛋白较 D1、D2 组均高，但差异不显著（$P > 0.05$）；S2 组的白蛋白最高，但与对照组相比差异不显著（$P > 0.05$），S2 组总蛋白与 D1 组、D2 组、S1 组相比均高，且均差异显著（$P < 0.05$）。

（5）S1 组碱性磷酸酶较 D1 组显著降低了 23.2%（$P < 0.05$），较 D2 组降低 5.7%（$P > 0.05$）；S2 组碱性磷酸酶较 D1 组升高 2.9%（$P > 0.05$），较 D2 组升高 26.3%（$P < 0.05$）。

（6）S1 组、S2 组与 D1 组、D2 组相比，血清磷、血清钙均无显著影响。

三、讨论

通常认为血清尿素氮水平降低意味着蛋白质沉积增加，据报道高铜降低仔猪血清尿素氮值（吴新民，1996；Dover，1995；Luo，1996）。但铜对禽类尿酸影响的报道很少。本试验发现，纳米铜组较空白组显著降低尿酸 38.4%（$P < 0.05$），较抗生素组降低尿酸含量 17.3%（$P < 0.05$）。而纳米铜与糖萜素同时添加对尿酸无显著影响。纳米铜降低尿酸含量，可能是纳米铜通过诱导 GH 分泌增加，加速蛋白质的合成或减慢蛋白质的降解而提高了机体内氮的存留，外在表现即为加速动物生长。

在氨基酸代谢和蛋白质、脂肪及糖三者的转换过程中，转氨酶占有极其重要的地位，尤其谷丙转氨酶（GPT）和谷草转氨酶（GOT）的活性还是反映肝脏和心脏功能的两个重要指标。笔者认为在正常情况下，GOT 和 GPT 活性应是相对稳定的，其升高或降低均可反映出肝脏和心脏可能有所损伤。本研究发现，纳米铜组和纳米铜 + 糖萜素组的 GOT 和 GPT 活性都显著降低，GPT 活性下降表明功能肝细胞减少（梁扩寰，1995）。肝脏在蛋白质代谢过程中起重要作用，血浆内的蛋白质几乎全部由肝脏制造，因此肝脏受到损伤，其合成蛋白质的功能也应受损，血清总蛋白浓度应该下降，而本试验正好相反，这一矛盾难以解释，有待进一步研究。

血浆高胆固醇和甘油三酯被认为是引起人类脂肪肝和动脉粥样硬化等心血管疾病的主要原因，因此，如何通过膳食调节来降低血浆胆固醇成为一个人类普遍关心的问题。本试验结果表明，与抗生素相比，单一添加纳米铜显著降低血清胆固醇和甘油三酯浓度，纳米铜＋糖萜素与抗生素相比，胆固醇浓度降低，甘油三酯浓度升高，但差异不显著，说明单一添加纳米铜具有显著的降脂作用。有关铜对肉鸭胆固醇和甘油三酯的影响未见报道，但有试验证实，鸡脂肪的沉积量与血脂水平有相关性（Griffin，1982）。已有研究表明，26 日龄断奶仔猪在断奶后 14～26 天内不能有效利用日粮中的脂肪（5mg/kg 和 15mg/kg 铜），但添加 250mg/kg 铜能提高日粮脂肪消化率，使仔猪小肠中脂肪酶和磷酸酯酶 A 的活性升高（Dove，1992）。关于铜与脂肪互作的机制还不清楚，但有研究表明，Cu^{2+} 能提高一些消化酶活性，降低脂肪等高分子物质并协助胃肠道吸收脂肪酸等降解产物。此外，铜是细胞色素氧化酶的组分，而细胞色素氧化酶可促进磷脂的形成，磷脂是脂肪酸吸收过程中不可缺少的物质；也有报道高铜可提高碱性磷酸酶活性，进而促进日粮脂肪的消化吸收。

此外，添加纳米铜对血清磷、钙含量无显著影响，这与周勃（1999）和王艳华（2002）在仔猪研究上结果一致。但本试验中单一添加纳米铜显著降低了碱性磷酸酶活性，而纳米铜＋糖萜素却显著提高了碱性磷酸酶活性，其原因有待进一步探讨。

第八节　肉鸭组织中抗生素残留的含量

一、样品的采集及检测

（一）样品的采集

随机从各组分别取试鸭 18 只，公母各半，屠宰后，取鸭肝脏、肾脏、肌肉各 50g 用蒸馏水冲洗干净，-60℃保存、待测。

（二）检测方法

金霉素（CTC）与磺胺二甲基嘧啶（SM2）残留的测定均采用高效液

相色谱法（HPLC）。检测 CTC 的色谱条件：流动相，甲醇 – 乙腈 – 0.01mol/L 草酸（20∶11∶69）；流速，1.0mL/min；检测波长，350nm；进样量，20μL。检测 SM2 的色谱条件：流动相，乙腈 – 0.017mol/L H_3PO_4（20 + 80）；流速，1.0mL/min；检测波长，270nm；进样量，50μL。

二、结果与分析

（一）肝脏、肾脏、肌肉中金霉素（CTC）残留量

D1 组、S1 组、S2 组的肝脏、肾脏、肌肉中均未检出 CTC 残留。D2 组 CTC 的残留量见表 4 – 9：肌肉中 CTC 有两个超标，但幅度不大；肝脏中有 16 个样品检出 CTC，检出率 89.0%，其中有 5 个超标，且超标幅度大，占所检样品数的 28.0%；肾脏中残留也较严重，检出率为 83.0%，有两个样品超标，占被检样的 11.0%。

表 4 – 9　肉鸭组织中 CTC 残留量

样品号	肝脏（mg/kg）	肾脏（mg/kg）	肌肉（mg/kg）	样品号	肝脏（mg/kg）	肾脏（mg/kg）	肌肉（mg/kg）
1	0.447 2	0.553 2	0.102 2	10	0.053 1	0.621 0	未检出
2	0.532 1	0.132 1	0.083 4	11	0.093 0	未检出	0.054 8
3	0.149 6	0.334 1	0.072 1	12	未检出	0.103 2	未检出
4	0.257 3	0.103 2	未检出	13	0.100 1	0.331 5	0.013 3
5	0.093 0	0.071 2	0.052 1	14	0.214 0	0.111 2	未检出
6	0.372 1	0.632 2	未检出	15	0.094 5	未检出	未检出
7	0.063 2	0.094 5	0.132 1	16	0.324 3	未检出	未检出
8	0.301 2	0.231 2	0.011 3	17	未检出	0.083 4	未检出
9	0.102 2	0.194 5	0.032 1	18	0.103 4	0.092 1	0.011 3

（二）肝脏、肾脏、肌肉中磺胺二甲基嘧啶（SM2）残留量

D1 组、S1 组、S2 组肝脏、肾脏、肌肉中均未检出 SM2 残留。D2 组 SM2 残留量见表 4 – 10：肉鸭肝脏中 SM2 残留严重，检出率为 100.0%，

其中有 11 个样品超标，占被检样品的 61.0%；肾脏中检出率为 83.0%，有 4 个样品超标，占 22.0%；肌肉中只有 1 个样品超标，检出率为 50.0%，超标率为 5.6%。

表 4–10　肉鸭组织中 SM2 残留量

样品号	肝脏 (mg/kg)	肾脏 (mg/kg)	肌肉 (mg/kg)	样品号	肝脏 (mg/kg)	肾脏 (mg/kg)	肌肉 (mg/kg)
1	0.077 4	0.041 2	未检出	10	0.083 2	未检出	未检出
2	0.126 9	0.088 9	0.010 1	11	0.117 3	0.043 4	0.073 2
3	0.319 2	0.121 8	0.083 2	12	0.054 5	0.063 8	未检出
4	0.039 2	未检出	未检出	13	0.222 2	0.113 3	0.041 2
5	0.101 1	0.030 1	0.013 3	14	0.144 8	0.123 8	未检出
6	0.148 5	0.092 7	未检出	15	0.053 3	未检出	未检出
7	0.093 2	0.012 4	未检出	16	0.114 4	0.032 1	0.093 3
8	0.213 2	0.102 4	0.062 1	17	0.062 9	0.044 2	0.052 1
9	0.154 3	0.073 3	0.105 5	18	0.281 2	0.098 8	未检出

三、讨论

本试验对四个处理组肉鸭都进行了金霉素（CTC）、磺胺二甲基嘧啶（SM2）在肝脏、肾脏、肌肉组织中的残留的测定，发现：在空白组、纳米铜组、纳米铜＋糖萜素组均未发现 CTC 和 SM2；而在抗生素组金霉素在肉鸭肝脏、肾脏、肌肉中检出率分别为 89.0%、83.0% 和 56.0%。其中肝脏 CTC 超标率为 28.0%，肾脏和肌肉中 CTC 超标率均为 11.0%；SM2 在肉鸭肝脏、肾脏、肌肉中检出率分别为：100.0%、83.0% 和 50.0%，肝脏、肾脏、肌肉中 SM2 超标率分别为 61.0%、22.0% 和 5.6%，可见在肉鸭饲粮中添加抗生素时，抗生素在肉鸭组织中残留严重。

抗生素在动物性食品中的残留，通过食物链被人体吸收，不仅会对人体产生致癌、致畸形、致突变，而且动物产生的耐药性转移给人类，使人类的用药效果降低，各种疾病蔓延，甚至难以治愈。另外，畜产品的药残还直接影响我国出口创汇。自1996年8月1日起，欧盟做出禁止从我国进口禽肉的决定后，随之产生了一系列连锁反应，使我国的畜禽产品在其他进口国也受到遏制，出口价格一降再降，对我国的经济造成很大损失。因此，抗生素的使用将越来越受到限制。

1986年，瑞典成为第一个禁止使用抗生素作为饲料添加剂的国家；欧盟只允许使用畜禽专用抗生素；俄罗斯等东欧国家禁用医用抗生素作饲料添加剂；日、美等国对抗生素在饲料中的使用也做了限制，而且对肉品中抗生素最大残留限量的规定也越来越严格，有的国家甚至规定在肉品中不能检出抗生素。而添加纳米铜，不仅没有药物残留，而且无论在肉鸭的生产性能、胴体组成、免疫机能方面都优于抗生素，所以，纳米铜在肉鸭生产上替代抗生素是完全可行的。

第九节　小　结

纳米铜组与抗生素组相比，显著降低了肉鸭死淘率（$P < 0.01$），提高了肉鸭的日采食量和日增重，降低了料重比，提高了饲料利用，但差异不显著（$P > 0.05$）。纳米铜+糖萜素组与抗生素组相比生产性能各指标均不显著（$P > 0.05$）。

纳米铜组较抗生素组显著提高了肉鸭屠宰率（$P < 0.05$），提高了全净膛率、半净膛率、胸肌率、腿肌率，降低了腹脂率、肌间脂肪评分和皮脂评分（$P > 0.05$）。纳米铜+糖萜素组与抗生素组相比，对屠宰性能指标无影响，提高了腹脂率、肌间脂肪评分和皮脂评分（$P > 0.05$）。

纳米铜组和纳米铜+糖萜素组的肝重率、肾重率，均低于抗生素组（$P > 0.05$）。

纳米铜组较抗生素组显著提高了胸腺重率和腔上囊重率（$P < 0.05$），对脾重率无影响（$P > 0.05$），纳米铜+糖萜素组与抗生素组相比，对免疫器官重率均无影响（$P > 0.05$）。

纳米铜组较抗生素组 GOT 和 GPT 活性均显著降低（$P < 0.01$），纳米铜 + 糖萜素组的 GOT、GPT 活性较抗生素也极显著降低（$P < 0.01$）。纳米铜组较抗生素组，胆固醇、甘油三酯含量显著降低（$P < 0.05$）。纳米铜 + 糖萜素组较抗生素组的甘油三酯含量、胆固醇含量均升高（$P > 0.05$）。纳米铜 + 糖萜素组较抗生素组碱性磷酸酶升高（$P < 0.05$）；纳米铜组较抗生素组碱性磷酸酶无显著差异（$P > 0.05$），纳米铜组与抗生素组相比，白蛋白、总蛋白、血清钙、血清磷含量均无显著变化（$P > 0.05$）。

抗生素组肉鸭肝脏、肾脏、肌肉中 CTC 检出率分别为 89.0%、83.0% 和 56.0%。SM2 在肝脏、肾脏、肌肉中检出率分别为 100.0%、83.0% 和 50.0%。各组织中 CTC、SM2 均不同程度超标，其中以肝中超标最为严重。而其他处理组的肉鸭组织中未检出抗生素残留。

第五章　肉仔鸡体内铜与维生素 A 及其互作效应研究

第一节　铜与维生素 A 互作研究概述

营养素之间的相互关系一直是近代动物营养学的研究热点之一。铜与维生素 A 在功能上有许多相同之处，如二者都参与机体的造血功能、抗氧化功能等。有关铜与维生素 A 间交互作用的研究甚少。

Sundaresan（1996）对大鼠的研究发现，铜与维生素 A（Cu 的添加水平为 5mg/kg 和 50mg/kg 日粮，维生素 A 的添加水平为 1.4mg/kg、34.4mg/kg、206.4mg/kg 日粮）间的交互作用显著影响血清胆固醇浓度（$P < 0.05$），显著影响肝脏视黄酯棕榈酸盐浓度、视黄醇 + 视黄酯棕榈酸盐总数（$P = 0.000\ 1$），显著影响肝脏和肾脏中的铜的水平；Moore（1972）也报道过，慢性铜中毒的绵羊，视黄醇与铜之间存在复杂的交互作用。

除在大鼠和绵羊体内铜与维生素 A 之间存在互作效应外，另有一些研究从不同角度反映了铜与维生素 A 在代谢中的相互影响。Barber 和 Cousins（1987）发现 13 - 碳视网膜酸或视黄酯醋酸盐可诱导大鼠血清铜蓝蛋白氧化酶的合成；Vandenburg（1993）发现额外添加少量维生素 A 或 β - 胡萝卜素可显著提高大鼠血浆铜水平；Root（2001）报道，具较低视黄醇摄入量的妇女，血浆视黄醇与血浆铜相关性极显著（$P = 0.000\ 7$）。Rachman（1987）发现铜缺乏时，大鼠肝脏维生素 A 浓度升高。这些研究在一定程度上反映了铜与维生素 A 间存在交互作用。

前人的研究已经表明，铜与维生素 A 在代谢上存在互作效应，但都以人和低等哺乳动物为模型，家禽体内铜与维生素 A 代谢是否存在互作，尚未见到有关报道，二者对肉鸡生产性能、免疫功能及有关理化指标影响的报道也较少，且结论不一致。而解决铜与维生素 A 互作效应的问题，对畜牧生产特别是肉鸡生产有重要意义。

第二节　试验设计与分组

一、研究试验方法和技术路线

1. 试验设计与营养指标

本研究采用 4×2（Cu×维生素 A）完全随机试验设计，试验分 0~4 周龄和 5~7 周龄 2 个阶段。除试验因素外，其他指标均参照我国肉仔鸡营养需要。基础日粮中铜含量实测值为 0~4 周龄 23.36mg/kg，5~7 周龄 16.00mg/kg；铜以五水硫酸铜粉末形态添加，铜的添加量为 0、8mg/kg、150mg/kg、225mg/kg，维生素 A（由北京京牧动物营养中心提供）是以视黄醇乙酸酯粉剂形式添加，其添加量为 1 500IU/kg、5 000IU/kg。饲粮组成及养分指标见表 5 − 1。

表 5 − 1　基础日粮组成及养分指标

组成	配比（%）			营养水平		
	0~4 周	5~7 周			0~4 周	5~7 周
玉米	56.49	61.42	代谢能（Mcal/kg）		2.90	3.0
大豆油	2.22	3.00	粗蛋白（%）		21.00	19.0
豆粕	30.24	25.30	蛋氨酸（%）		0.50	0.36

（续表）

组成	配比（%）		营养水平		
	0~4周	5~7周		0~4周	5~7周
棉籽粕	5	5	蛋氨酸+胱氨酸（%）	0.84	0.68
鱼粉	2.43	1.98	赖氨酸（%）	1.13	0.98
磷酸氢钙	1.60	1.39	钙（%）	1.0	0.9
石粉	1.16	1.11	有效磷（%）	0.45	0.40
蛋氨酸	0.15	0.05	铜（实测值）（mg/kg）	23.36	16.00
食盐	0.30	0.35	铁（实测值）（mg/kg）	236.94	202.99
胆碱	0.19	0.19			
混合预混料	0.22	0.22			
合计	100.0	100.0			

注：添加剂含微量元素预混料0.2%，每千克饲粮中添加Fe 0mg、Mn 80.00mg、Zn 80.00mg、I 0.35mg、Se 0.15mg；添加剂含维生素预混料0.02%，每千克饲粮中添加维生素 D_3 3 000IU、维生素E 30.00IU、维生素 K_3 1.00mg、硫胺素 2.00mg、核黄素 6.00mg、泛酸 9.00mg、吡哆醇 5.00mg、烟酸 30.00mg、维生素 B_{12} 0.010mg、生物素 0.10mg、叶酸 0.30mg。

2. 试验动物和饲养管理

选用由山西文水大象禽业有限公司提供的1日龄艾维因（AVIAN）肉仔鸡448只，随机分为8组，每组4个重复，每个重复14只鸡，公母各半。按肉仔鸡饲养管理要求进行管理。饲养方式为笼养。实验分为两个阶段：前期0~4周，后期5~7周。使用喷漆鸡笼与塑料水槽和料槽，试鸡自由采食和饮水。实验期间，按肉种鸡场提供的免疫程序进行免疫，并采用多种方式进行消毒。

3. 样品制备

分别在第4周和第7周以重复为单位称重，并计算耗料量；分别于4周龄、7周龄采血，制备血清，低温保存，待测有关指标，每个重复采血1只，每个处理共采血4只，全部为公鸡。分别于4周龄、7周龄进行屠宰试验，屠宰前试鸡饥饿24h，以使胃肠道内容物排尽。每个重复屠宰1只鸡，每个处理共屠宰4只鸡，全部为公鸡，屠宰后分别取肝脏、心脏、脾脏、肾脏、肌肉、胫骨、羽毛、腺胃、十二指肠、空肠、回肠等组织，低温保存，待测有关指标。

4. 统计方法

用 SAS6.12 软件中 ANOVA 程序对试验结果进行方差分析和 Duncan's 多重比较。

第三节　铜和维生素 A 及其互作效应对肉仔鸡生产性能的影响

一、生产性能有关指标的测定

分别在第4周末和第7周末以重复为单位空腹称重、结料，记录每组鸡体重与采食量，并计算料重比。

二、结果与分析

铜和维生素 A 及其互作效应对肉仔鸡生产性能的影响

由表 5-2 可知，铜对前期体增重、日采食量及料重比影响均极显著（$P < 0.01$），与其他组相比，铜（8mg/kg）组体增重较高且料重比较低，随着铜水平的上升，日采食量逐渐减少，且铜（8mg/kg）组与铜（0mg/kg）组差异不显著。铜（8mg/kg）组比铜（0mg/kg）组、铜（150mg/kg）组和铜（225mg/kg）组体增重分别提高了 1.47%、3.93% 和 9.49%。铜（8mg/kg）组比铜（0mg/kg）组、铜（150mg/kg）组和铜（225mg/kg）组料重比分别降低了 2.94%、2.94% 和 3.51%。铜（8mg/kg）组比铜（150mg/kg）组和铜（225mg/kg）组日采食量分别提高了 1.52% 和 4.28%。

表 5-2　体增重（g）、料重比及日采食量（g）

| 添加水平 | | n | 0～4 周龄 | | | 5～7 周龄 | | |
Cu (mg/kg)	维生素 A (IU/kg)		体增重	料重比 F/G	日采食量	体重	料重比 F/G	日采食量
0	1 500	4	943.82±19.11B	1.70±0.03AB	56.65±1.07AB	1 642.01±30.26	2.13±0.08B	175.98±3.59AB
8	1 500	4	943.72±5.63B	1.65±0.01C	55.48±0.25BC	1 602.12±77.67	2.33±0.05A	177.33±5.83A
150	1 500	4	896.95±9.22C	1.73±0.02A	54.52±1.40CD	1 567.05±42.55	2.28±0.05A	169.88±4.98AB
225	1 500	4	864.52±14.53D	1.74±0.02A	53.57±1.15D	1 577.70±109.97	2.26±0.08A	166.54±7.20B
0	5 000	4	967.36±16.80B	1.71±0.03AB	56.65±0.46AB	1 576.20±71.69	2.30±0.04A	172.68±6.81AB
8	5 000	4	995.54±33.94A	1.64±0.02C	57.04±0.39A	1 564.98±52.23	2.33±0.02A	176.82±4.31A
150	5 000	4	969.01±1.66B	1.67±0.03BC	56.32±0.66AB	1 594.87±28.39	2.26±0.11A	174.53±7.03AB
225	5 000	4	906.71±4.89C	1.68±0.03BC	54.33±1.22CD	1 580.26±51.09	2.30±0.05A	175.74±7.94B
0		8	955.59A	1.70A	56.65A	1 609.11	2.22B	171.14
8		8	969.63A	1.65B	56.26AB	1 583.55	2.33A	177.08
150		8	932.98B	1.70A	55.42B	1 580.96	2.27AB	172.21
225		8	885.61C	1.71A	53.95C	1 578.98	2.28AB	171.4
	1 500	16	912.25B	1.70A	55.05B	1 597.22	2.25	172.43
	5 000	16	959.65A	1.67B	56.08A	1 579.08	2.30	174.94
P 值	Cu		0.000 1	0.000 2	0.000 1	0.757 2	0.020 4	0.250 4
	维生素 A		0.000 1	0.004 4	0.004 2	0.426 2	0.058 4	0.258 5
	Cu×维生素 A		0.048 9	0.030 7	0.220 7	0.475 9	0.029 6	0.207 9

注：同一纵列有相同字母者差异不显著，不同字母者差异显著（以下同）。

53

铜对后期料重比影响极显著（$P < 0.01$），与其他组相比，铜（0mg/kg）组料重比较低，铜（0mg/kg）组比铜（8mg/kg）组、铜（150mg/kg）组和铜（225mg/kg）组料重比分别降低了 4.72%、2.20% 和 2.63%；铜对后期体增重、日采食量影响不显著（$P > 0.05$），且铜（0mg/kg）组体增重较高而日采食量较低。

本试验表明，前期铜缺乏或过量均使肉仔鸡体重降低，且随着铜水平的上升，日采食量逐渐减少，铜（8mg/kg）组生产性能较佳；后期不添加铜组体增重较高且料重比和日采食量较低；整个试验期高铜抑制了肉仔鸡生产性能。

前期铜缺乏组肉仔鸡体重显著降低，这与刘向阳（1995）、Bala（1991）用大鼠和 Prohaska（1993）用小鼠及吴建设（1999）用肉仔鸡的研究结果一致。试鸡的生产性能没有因高剂量补铜而得到改善，反而抑制肉仔鸡生长。Johnson（1985）研究报道，常规日粮中添加 125mg/kg 铜，不能提高试鸡生产性能。霍启光（1986）研究表明，高铜（100～300mg/kg 的硫酸铜）不能提高肉仔鸡生产性能。Ledous（1989）研究指出，日粮补铜 100mg/kg、200mg/kg，并不能改善肉仔鸡的生产性能，当补铜水平为 300mg/kg 时，生产性能则明显下降。Leach 等（1990）研究表明，高于 250mg/kg 的铜添加水平导致肉鸡生长抑制。唐玲等（1999）研究表明，玉米—豆粕型日粮中添加铜（125mg/kg、250mg/kg）不能改善肉仔鸡的生产性能。这些试验结果均与本研究结果相似。后期不添加铜组生产性能较佳，尚未见有关报道，笔者认为可能与常规日粮中铜含量较高有关，有待进一步研究。

铜是畜禽营养中必需的微量元素，试验结果表明，铜添加量与肉仔鸡的生长阶段有关，前期把饲料原料中的铜视为安全阈值，按营养标准（8mg/kg）添加即可；后期不需要添加铜即可满足肉仔鸡生长需要。

由表 5 - 2 可知，维生素 A 对前期体增重、料重比、日采食量影响均极显著（$P<0.01$），维生素 A（5 000IU/kg）组体增重、日采食量较高且料重比较低，维生素 A（5 000IU/kg）组比维生素 A（1 500IU/kg）组体增重、日采食量分别提高了 5.2% 和 1.87%；维生素 A（5 000IU/kg）组料重比比维生素 A（1 500IU/kg）组降低了 1.76%；维生素 A 对后期体增重、料重比及日采食量影响均不显著（$P>0.05$）。

本研究表明，维生素 A 对前期体增重、料重比、日采食量影响均极显著（$P<0.01$），维生素 A（5 000IU/kg）组体增重、日采食量均较高且料重比较低，说明在我国的饲养标准条件下，维生素 A 添加 5 000IU/kg 即能满足需要。前人对维生素 A 的研究较多，但各自的研究结果范围差异太大：Aburto（1998）结果表明，维生素 A 添加量超过 80 000IU/kg 时，肉仔鸡体重开始降低；张春善（2000）试验证明，维生素 A（8 800IU/kg）组肉仔鸡的体重显著低于维生素 A（2 700IU/kg）组；Abawi（1989）报道，日粮维生素 A 水平显著影响肉仔鸡的饲料利用率，在三个不同的维生素 A 添加水平（1 000IU/kg、10 000IU/kg、100 000IU/kg）中，维生素 A（1 000IU/kg）时饲料利用率最高；Richter（1991）提出，维生素 A 6 000IU/kg 时，对发挥生产性能最好，多于此量没有效果。可见根据生产性能指标来确定维生素 A 的适宜添加量较困难。

由表 5 - 2 可知，互作效应对前期体增重影响显著（$P<0.05$），Cu（8mg/kg）×维生素 A（5 000IU/kg）组体增重最高，依次为 Cu（150mg/kg）×维生素 A（5 000IU/kg）组（2.74%）、Cu（0mg/kg）×维生素 A（5 000IU/kg）组（2.91%）、Cu（0mg/kg）×维生素 A（1 500IU/kg）组（5.48%）、Cu（8mg/kg）×维生素 A（1 500IU/kg）组（5.49%）、Cu（225mg/kg）×维生素 A（5 000IU/kg）组（9.80%）、Cu（150mg/kg）×维生素 A（1 500IU/kg）组（10.99%）和 Cu（225mg/kg）×维生素 A（1 500IU/kg）组（15.16%）。

互作效应对前后期料重比影响均显著（$P<0.05$），0~4 周内，Cu

（225mg/kg）×维生素 A（1 500IU/kg）组料重比最高，依次为 Cu（150mg/kg）×维生素 A（1 500IU/kg）组（0.57%）、Cu（0mg/kg）×维生素 A（5 000IU/kg）组（1.75%）、Cu（0mg/kg）×维生素 A（1 500IU/kg）组（2.35%）、Cu（225mg/kg）×维生素 A（5 000IU/kg）组（3.57%）、Cu（150mg/kg）×维生素 A（5 000IU/kg）组（4.19%）、Cu（8mg/kg）×维生素 A（1 500IU/kg）组（5.45%）和 Cu（8mg/kg）×维生素 A（5 000IU/kg）组（6.10%）；5~7 周内，Cu（8mg/kg）×维生素 A（1 500IU/kg）组和 Cu（8mg/kg）×维生素 A（5 000IU/kg）组料重比最高，依次为 Cu（225mg/kg）×维生素 A（5 000IU/kg）组（1.30%）、Cu（0mg/kg）×维生素 A（5 000IU/kg）组（1.30%）、Cu（150mg/kg）×维生素 A（1 500IU/kg）组（2.19%）、Cu（225mg/kg）×维生素 A（1 500IU/kg）组（3.10%）、Cu（150mg/kg）×维生素 A（5 000IU/kg）组（3.10%）和 Cu（0mg/kg）×维生素 A（1 500IU/kg）组（9.39%）。

第四节　铜和维生素 A 及其互作效应对肉仔鸡免疫功能的影响

一、免疫功能相关指标的测定

鸡新城疫抗体效价测定用血凝和血凝抑制试验，淋巴细胞 ANAE[+]% 测定用酸性 α-醋酸萘酯酶染色法。

二、结果与分析

铜和维生素 A 及互作效应对肉仔鸡免疫功能的影响

由表 5-3 可知，日粮铜添加水平对前期血清抗体效价影响显著（$P < 0.05$），与其他组相比，铜（8mg/kg）组血清抗体效价最高。铜

（8mg/kg）组比铜（0mg/kg）组、铜（150mg/kg）组和铜（225mg/kg）组血清抗体效价分别提高了 39. 11% 、25. 2% 和 25. 2% 。

表 5 – 3　血清抗体效价（HI）及淋巴细胞 ANAE + %

添加水平			4 周龄		7 周龄	
Cu（mg/kg）	维生素 A（IU/kg）	n	血清抗体效价 HI	T 淋巴细胞计数 ANAE$^+$ %	血清抗体效价 HI	T 淋巴细胞计数 ANAE$^+$ %
0	1 500	4	2. 00B	39. 17 ± 0. 43E	2. 00	47. 92 ± 0. 17F
8	1 500	4	3. 00A	41. 42 ± 0. 50C	2. 25 ± 0. 50	49. 92 ± 0. 42D
150	1 500	4	2. 50 ± 0. 58AB	40. 50 ± 0. 20D	2. 50 ± 0. 58	49. 00E
225	1 500	4	2. 50 ± 0. 58AB	40. 50 ± 0. 43D	2. 25 ± 0. 50	49. 50 ± 0. 20D
0	5 000	4	2. 50 ± 0. 58AB	41. 17 ± 0. 84CD	2. 75 ± 0. 50	51. 00 ± 0. 27BC
8	5 000	4	3. 25 ± 0. 50A	43. 50 ± 0. 43A	2. 75 ± 0. 50	52. 83 ± 0. 58A
150	5 000	4	2. 50 ± 0. 58AB	42. 59 ± 0. 42B	2. 00	51. 17 ± 0. 19B
225	5 000	4	2. 50 ± 0. 58AB	42. 59 ± 0. 42B	2. 75 ± 0. 96	50. 67 ± 0. 39C
0		8	2. 25B	40. 17C	2. 28	49. 46C
8		8	3. 13A	42. 46A	2. 50	51. 37A
150		8	2. 50B	41. 54B	2. 25	50. 08B
225		8	2. 50B	41. 54B	2. 50	50. 08B
	1 500	16	2. 50	40. 40B	2. 25	49. 08B
	5 000	16	2. 69	42. 46A	2. 56	51. 42A
P 值	Cu		0. 010 6	0. 000 1	0. 749 1	0. 000 1
	维生素 A		0. 289 4	0. 000 1	0. 108 6	0. 000 1
	Cu × 维生素 A		0. 700 4	0. 997 2	0. 1160	0. 000 1

日粮铜添加水平对前后期淋巴细胞 ANAE$^+$% 影响均极显著（$P < 0.01$），与其他组相比，铜（8mg/kg）组淋巴细胞 ANAE$^+$% 最高。前期铜（8mg/kg）组比铜（150mg/kg）组、铜（225mg/kg）组和铜（0mg/kg）组淋巴细胞 ANAE$^+$% 分别提高了 2. 21% 、2. 21% 和 5. 70% ；后期铜（8mg/kg）组比铜（150mg/kg）组、铜（225mg/kg）组和铜（0mg/kg）组淋巴细胞 ANAE$^+$% 分别提高了 2. 58% 、2. 58% 和 3. 86% 。

本试验研究表明，日粮铜添加量对前期血清抗体效价影响显著（$P < 0.05$），对前后期淋巴细胞 ANAE[+]% 影响均极显著（$P < 0.01$），且铜（8mg/kg）组免疫功能较佳；日粮铜添加量对后期血清抗体效价影响不显著（$P > 0.05$），但仍是铜（8mg/kg）组免疫功能较佳。铜影响哺乳动物免疫机能的报道较多。刘铁纯（1989）报道，低铜儿童血液免疫球蛋白 IgG、IgA 和 IgM 分别比正常儿童降低 48.35%、27.59% 和 40.00%。Stable（1993）研究表明，30 日龄牛饲喂补铜（11.5mg/kg 日粮）半纯合日粮，血清中 IgM 含量和 21 天对溶血性巴氏杆菌抗原特异性抗体含量较不添加铜组高。叶金朝试验表明，缺铜大鼠补铜可迅速恢复免疫力并促进胸腺生长，提高血液淋巴细胞 ANAE 阳细胞比例。Cerone（1995）报道，喂缺铜日粮，牛 T 淋巴细胞对丝裂原刀豆素 A（ConA）的应答反应降低。Bala（1993）研究表明，喂低铜日粮（0.8mg/kg），猪也降低 T 细胞对 PHA、ConA 的应答反应。

关于铜对肉仔鸡免疫功能影响的研究甚少。赵德明等（1996）对肉鸡进行了 7 周的低铜饲粮饲养后，发现肉鸡生长受阻，体重和主要淋巴组织器官内淋巴细胞数量减少，少数出现淋巴细胞和网状内皮细胞的变性坏死现象。吴建设（1999）研究表明，铜缺乏或过量，肉仔鸡淋巴细胞活性以及接种弱毒疫苗血清相应抗体 ELISA 效价降低。本试验结果均与上述报道结果一致，说明铜是维持肉仔鸡免疫功能的必需营养元素，缺乏或过量均导致免疫功能下降。

由表 5-3 可知，维生素 A 添加水平对前后期血清抗体效价影响均不显著（$P > 0.05$），前、后期维生素 A（5 000IU/kg）组比维生素 A（1 500IU/kg）组血清抗体效价分别提高了 7.6% 和 13.78%。

日粮维生素 A 添加水平对前后期淋巴细胞 ANAE[+]% 影响均极显著（$P < 0.01$），前、后期维生素 A（5 000IU/kg）组比维生素 A（1 500IU/kg）组淋巴细胞 ANAE[+]% 分别提高了 5.10% 和 4.77%。

维生素 A 与动物免疫机能密切相关，维生素 A 的缺乏引起肉仔鸡免疫机能显著降低；补加维生素 A 后，免疫机能明显增强。本试验结果得出，维生素 A 添加水平对前后期血清抗体效价影响均不显著（$P > 0.05$），对前后期淋巴细胞 ANAE[+]% 影响极显著（$P < 0.01$），且日粮维生素 A 水平在 5 000IU/kg 时，肉仔鸡免疫机能较强。多数资料表明，维生素 A 添加水平在明显高于需要量时，才产生增强免疫功能的最佳反应。Mazua 等（1992）研究表明，0～3 周龄鸡日粮中添加 50 000IU/kg，4～6 周龄鸡日粮中添加 40 000IU/kg 可获得对新城疫病毒的最佳免疫应答反应。Sklan 等（1995）研究指出，火鸡采食维生素 A 缺乏的日粮，T 淋巴细胞增殖反应明显减弱，对新城疫病毒的血清抗体效价下降，补加维生素 A 6μg/g 后免疫机能最强，补加维生素 A 13.2μg/g，免疫机能下降，认为获得最佳免疫应答反应所需的日粮维生素 A 水平接近或高于 NRC 标准推荐值。蔡辉益等（1990）研究指出，日粮添加维生素 A 20 000IU/kg 时，肉仔鸡免疫功能较添加 2 700IU/kg 组有增加的趋势。王选年（2002）研究结果显示，日粮中未添加维生素 A 时，雏鸡 T 细胞增殖活性和对抗原刺激的特异抗体生成水平都显著低于添加维生素 A 组，且随着维生素 A 含量的升高 T 细胞增殖活性与抗体生成也逐渐升高。高士争（1999）报道，高水平维生素 A 可显著提高肉鸡的体液和细胞功能，日粮维生素 A 水平高于 NRC 可使肉鸡获得最大的免疫反应。本试验结果均与上述研究结果一致。

由表 5 - 3 可知，互作效应对前后期血清抗体效价影响均不显著（$P > 0.05$），前期 Cu（8mg/kg）×维生素 A（5 000IU/kg）组血清抗体效价最高，且与 Cu（0mg/kg）×维生素 A（1 500IU/kg）组差异显著；后期 Cu（8mg/kg）×维生素 A（5 000IU/kg）组和 Cu（0mg/kg）×维生素 A（5 000IU/kg）组血清抗体效价最高。

互作效应对前期淋巴细胞 ANAE[+]% 影响不显著（$P > 0.05$），

Cu（8mg/kg）×维生素 A（5 000IU/kg）组淋巴细胞 ANAE⁺%最高，依次为 Cu（150mg/kg）×维生素 A（5 000IU/kg）组（2.15%）、Cu（225mg/kg）×维生素 A（5 000IU/kg）组（2.15%）、Cu（8mg/kg）×维生素 A（1 500IU/kg）组（5.03）、Cu（0mg/kg）×维生素 A（5 000IU/kg）组（5.67%）、Cu（150mg/kg）×维生素 A（1 500IU/kg）组（7.41%）、Cu（225mg/kg）×维生素 A（1 500IU/kg）组（7.41%）和 Cu（0mg/kg）×维生素 A（1 500IU/kg）组（11.06%）；互作效应对后期淋巴细胞 ANAE⁺%影响极显著（$P < 0.01$），Cu（8mg/kg）×维生素 A（5 000IU/kg）组淋巴细胞 ANAE⁺%最高，依次为 Cu（150mg/kg）×维生素 A（5 000IU/kg）组（3.26%）、Cu（0mg/kg）×维生素 A（5 000IU/kg）组（3.59%）、Cu（225mg/kg）×维生素 A（5 000IU/kg）组（4.28%）、Cu（8mg/kg）×维生素 A（1 500IU/kg）组（5.84）、Cu（225mg/kg）×维生素 A（1 500IU/kg）组（6.73%）、Cu（150mg/kg）×维生素 A（1 500IU/kg）组（7.82%）和 Cu（0mg/kg）×维生素 A（1 500IU/kg）组（10.26%）。

第五节　铜和维生素 A 及其互作效应对肉仔鸡养分表观沉积率的影响

一、指标测定

分别于 4 周龄、7 周龄进行代谢实验，粪样混匀后 60℃烘干、粉碎，供分析测定，粗蛋白和粗脂肪含量按常规分析法进行测定，并计算其表观沉积率〔表观沉积率 =（饲料食入量 - 粪中排出量）/饲料食入量〕。

二、结果与分析

铜和维生素 A 及其互作效应对肉仔鸡养分表观沉积率的影响

从表 5 - 4 可知，铜对前期粗蛋白表观沉积率影响极显著（$P < 0.01$），

铜（150mg/kg）组粗蛋白表观沉积率最高，铜（150mg/kg）组比铜（225mg/kg）组、铜（8mg/kg）组和铜（0mg/kg）组粗蛋白表观沉积率分别提高了 7.23%、11.07% 和 13.33%。铜对后期粗蛋白表观沉积率影响不显著（$P > 0.05$），铜（0mg/kg）组粗蛋白表观沉积率最高。

表 5 - 4　粗蛋白和粗脂肪表观沉积率

添加水平			粗蛋白表观沉积率（%）		粗脂肪表观沉积率（%）	
Cu（mg/kg）	维生素 A（IU/kg）	n	4 周龄	7 周龄	4 周龄	7 周龄
0	1 500	4	62.23 ± 1.69DE	67.70 ± 4.77	82.54 ± 0.95C	79.92 ± 1.01B
8	1 500	4	62.42 ± 0.76D	67.41 ± 3.80	85.76 ± 0.97AB	79.58 ± 0.80B
150	1 500	4	72.76 ± 1.15A	65.08 ± 5.29	86.76 ± 2.09A	76.75 ± 0.23C
225	1 500	4	67.33 ± 0.46B	66.70 ± 2.47	87.05 ± 1.02A	63.87 ± 1.08D
0	5 000	4	58.66 ± 0.87G	69.21 ± 2.64	86.21 ± 0.73AB	75.67 ± 1.39C
8	5 000	4	60.94 ± 0.18EF	66.31 ± 4.47	87.42 ± 1.30A	86.84 ± 1.95A
150	5 000	4	64.26 ± 0.05C	68.17 ± 4.90	84.82 ± 0.68B	75.62 ± 1.89C
225	5 000	4	60.45 ± 0.84F	69.07 ± 2.77	80.74 ± 0.62D	77.17 ± 2.15C
0		8	60.45D	68.45	84.38B	77.80B
8		8	61.68C	66.86	86.59A	83.21A
150		8	68.51A	66.62	85.79A	76.19C
225		8	63.89B	67.89	83.89B	70.52D
	1 500	16	66.18A	66.72	85.53	75.03B
	5 000	16	61.08B	68.19	84.79	78.82A
P 值	Cu		0.000 1	0.778 2	0.000 2	0.000 1
	维生素 A		0.000 1	0.312 1	0.079 8	0.000 1
	Cu × 维生素 A		0.000 1	0.746 0	0.000 1	0.000 1

铜对前后期粗脂肪表观沉积率影响均极显著（$P < 0.01$），前后期铜（8mg/kg）组粗脂肪表观沉积率最高，前期铜（8mg/kg）组比铜（0mg/kg）组和铜（225mg/kg）组粗脂肪表观沉积率分别提高了 2.62% 和 3.22%。后期铜（8mg/kg）组比铜（0mg/kg）组、铜（150mg/kg）和铜（225mg/kg）

组粗脂肪表观沉积率分别提高了 6.95%、9.21% 和 17.99%。

本试验研究表明，铜对前期粗蛋白表观沉积率影响极显著（$P <$ 0.01），铜（150mg/kg）组粗蛋白表观沉积率较高，铜对后期粗蛋白表观沉积率影响不显著（$P > 0.05$），铜（0mg/kg）组粗蛋白表观沉积率最高；铜对前后期粗蛋白表观沉积率影响均极显著（$P < 0.01$），铜（8mg/kg）组粗蛋白表观沉积率较高。

大量研究表明，日粮中添加铜能促进营养物质的消化利用。Kirch-gessner 等报道，适宜的铜离子浓度能在体外激活胃蛋白酶，增加蛋白质的水解，有利于蛋白质的吸收。程忠刚报道，铜改善动物脂肪利用率的能力与激素和酶活性的变化有关，Cu^{2+} 和 SO_4^{2-} 能提高一些消化酶的活性，降解高分子物质（如脂肪）并协助胃肠道吸收降解的营养物质。另外，铜是细胞色素氧化酶的组分，可促进磷脂的形成，而磷脂是脂肪酸吸收过程中不可缺少的物质。也有报道高铜可提高碱性磷酸酶的活性，促进日粮中脂肪的消化吸收。赵志伟（1998）研究表明，日粮含 180mg/kg 铜，对 110 日龄青年鸡可显著提高粗蛋白的表观沉积率，对能量的表观存留率有提高作用；随着日龄增长到 130 日龄时，对能量的表观存留率不明显，虽仍能提高粗蛋白的表观存留率，但与对照组无明显差异。余斌等（2002）研究表明，饲料中添加 200mg/kg 赖氨酸铜或硫酸铜，脂类物质的消化率分别提高了 4.8% 和 4.1%。Dove 研究表明，断奶仔猪日粮中添加 250mg/kg 铜和 50g 脂肪，可显著提高小肠脂肪酶和磷脂酶的活性，从而提高了脂肪的利用率和能量的摄入，日增重和饲料报酬显著提高；单独添加脂肪而不添加铜，却使仔猪日增重降低。这些研究结果均与本试验结果存在差异，这可能是由于试验动物的选择对象不同造成的。

由表 5 - 4 可知，维生素 A 对前期粗蛋白表观沉积率影响显著（$P < 0.05$），维生素 A（1 500IU/kg）组粗蛋白表观沉积率较高；维生素 A（1 500IU/kg）组比维生素 A（5 000IU/kg）组粗蛋白表观沉积率提高了

8.35%；维生素 A 对后期粗蛋白表观沉积率影响不显著（$P > 0.05$），维生素 A（5 000IU/kg）组粗蛋白表观沉积率较高。

维生素 A 对后期粗脂肪表观沉积率影响显著（$P < 0.05$），维生素 A（5 000IU/kg）组粗脂肪表观沉积率较高；维生素 A（5 000IU/kg）组比维生素 A（1 500IU/kg）组粗脂肪表观沉积率提高了 5.05%。

由表 5 - 4 可知，互作效应对前期粗蛋白表观沉积率影响极显著（$P < 0.01$），且 Cu（150mg/kg）×维生素 A（1 500IU/kg）组粗蛋白表观沉积率最高，依次为 Cu（225mg/kg）×维生素 A（1 500IU/kg）组（8.06%）、Cu（150mg/kg）×维生素 A（5 000IU/kg）组（13.23%）、Cu（8mg/kg）×维生素 A（1 500IU/kg）组（16.57%）、Cu（0mg/kg）×维生素 A（1 500IU/kg）组（16.92%）、Cu（8mg/kg）×维生素 A（5 000IU/kg）组（19.40%）、Cu（225mg/kg）×维生素 A（5 000IU/kg）组（20.36%）和 Cu（0mg/kg）×维生素 A（5 000IU/kg）组（24.04%）。

互作效应对前后期粗脂肪表观沉积率影响极显著（$P < 0.01$），前后期均为 Cu（8mg/kg）×维生素 A（5 000IU/kg）组粗脂肪表观沉积率最高，前期依次为 Cu（225mg/kg）×维生素 A（1 500IU/kg）组、Cu（150mg/kg）×维生素 A（1 500IU/kg）组、Cu（0mg/kg）×维生素 A（5 000IU/kg）组（1.40%）、Cu（8mg/kg）×维生素 A（1 500IU/kg）组（1.94%）、Cu（150mg/kg）×维生素 A（5 000IU/kg）组（3.07%）、Cu（0mg/kg）×维生素 A（1 500IU/kg）组（5.91%）和 Cu（225mg/kg）×维生素 A（5 000IU/kg）组（8.27%）。后期依次为 Cu（0mg/kg）×维生素 A（1 500IU/kg）组（8.66%）、Cu（8mg/kg）×维生素 A（1 500IU/kg）组（9.12%）、Cu（225mg/kg）×维生素 A（5 000IU/kg）组（12.53%）、Cu（150mg/kg）×维生素 A（1 500IU/kg）组（13.15%）、Cu（0mg/kg）×维生素 A（5 000IU/kg）组（14.76%）、Cu（150mg/kg）×维生素 A

（5 000IU/kg）组（14.84%）和 Cu（225mg/kg）×维生素 A（1 500IU/kg）组（35.96%）。

第六节　铜和维生素 A 及其互作效应对肉仔鸡血液生化指标的影响

一、指标测定

新鲜抗凝血液用于测定红、白细胞计数，红、白细胞计数用常规血球计数法（试管稀释法）；血红蛋白（Hb）用氰化高铁血红蛋白法（HiCN 法），同时测定红细胞比容（PCV）和血沉（ESR）。血清中维生素 A 测定用微量荧光法。肝脏中维生素 A 用微量荧光法；肝脏中的铜含量的测定方法采用原子吸收分光光度法。

二、结果与分析

1. 铜和维生素 A 及其交互作用对肝脏、血清维生素 A 浓度和肝脏铜浓度的影响

由表 5-5 可知，日粮铜的添加水平对前后期肝脏维生素 A 浓度影响均显著（$P < 0.01$）。前期铜（8mg/kg）组肝脏维生素 A 浓度最高，铜（0mg/kg）组肝脏维生素 A 浓度最低。前期铜（0、150mg/kg、225mg/kg）三组与铜（8mg/kg）组差异显著（$P < 0.05$），但铜（0、150mg/kg、225mg/kg）三组之间差异不显著（$P > 0.05$）。后期铜（0mg/kg）组肝脏维生素 A 浓度最高，铜（8mg/kg）组肝脏维生素 A 浓度最低。后期铜（8mg/kg、150mg/kg、225mg/kg）三组与铜（0mg/kg）组差异显著（$P < 0.05$），但铜（8mg/kg、150mg/kg、225mg/kg）三组之间差异不显著（$P > 0.05$）。

表 5 – 5　肝脏维生素 A 浓度及血清维生素 A 浓度

添加水平			4 周龄		7 周龄	
Cu（mg/kg）	维生素 A（IU/kg）	n	肝脏维生素 A 浓度（μg/g 新鲜样）	血清维生素 A 浓度（μg/mL）	肝脏维生素 A 浓度（μg/g 新鲜样）	血清维生素 A 浓度（μg/mL）
0	1 500	4	5.38 ±0.26c	0.49 ±0.04c	7.02 ±0.71d	0.75 ±0.03de
8	1 500	4	5.40 ±0.30c	0.70 ±0.07b	6.55 ±0.55d	0.62 ±0.02f
150	1 500	4	5.61 ±0.45c	0.39 ±0.02d	6.44 ±0.26d	0.70 ±0.05e
225	1 500	4	4.21 ±0.42d	0.36 ±0.03d	6.84 ±0.66d	0.81 ±0.02cd
0	5 000	4	8.64 ±0.44b	0.69 ±0.03b	8.92 ±0.66c	0.96 ±0.04a
8	5 000	4	10.54 ±0.97a	0.53 ±0.02c	12.33 ±0.71b	0.89 ±0.05ab
150	5 000	4	9.0 ±0.31b	0.72 ±0.05b	13.26 ±0.26a	0.92 ±0.10ab
225	5 000	4	10.3 ±0.21b	0.81 ±0.04a	12.65 ±0.24ab	0.87 ±0.01bc
0		8	7.01b	0.59ab	9.97b	0.85a
8		8	7.97a	0.62a	9.44a	0.76b
150		8	7.31b	0.56b	9.85a	0.81a
225		8	7.25b	0.58ab	9.74a	0.84a
	1 500	16	5.15b	0.48b	6.71b	0.72b
	5 000	16	9.62a	0.69a	11.79a	0.91a
P 值	Cu		0.003 4	0.059 5	0.000 1	0.002 1
	维生素 A		0.000 1	0.000 1	0.000 1	0.000 1
	Cu × 维生素 A		0.000 1	0.000 1	0.000 1	0.001 5

日粮铜的添加水平对前期血清维生素 A 浓度影响接近显著（$P \approx 0.05$），铜（8mg/kg）组血清维生素 A 浓度最高，铜（150mg/kg）组血清维生素 A 浓度最低。铜（150mg/kg）组比铜（8mg/kg）显著降低（$P < 0.05$）。日粮铜的添加水平对后期血清维生素 A 浓度的影响显著（$P < 0.01$），铜（0mg/kg）组血清维生素 A 浓度最高，铜（8mg/kg）组血清维生素 A 浓度最低。铜（0、150mg/kg、225mg/kg）三组与铜（8mg/kg）组差异显著（$P < 0.05$），但铜（0、150mg/kg、225mg/kg）三组之间差异不显著（$P > 0.05$）。

日粮铜的添加水平对前后期肝脏维生素 A 浓度影响均显著 ($P < 0.01$)，前期铜 (8mg/kg) 组肝脏维生素 A 浓度最高，这说明铜 (8mg/kg) 有利于肝脏维生素 A 的贮存，说明铜 (8mg/kg) 促进肝脏维生素 A 的蓄积。而后期铜 (150mg/kg) 组肝脏维生素 A 浓度最高，说明后期对铜的需要量可能大于前期。

日粮铜的添加水平对前期血清维生素 A 浓度影响接近显著 ($P \approx 0.05$)，日粮铜的添加水平对后期血清维生素 A 浓度影响显著 ($P < 0.01$)，这说明随着肉仔鸡的成熟，血清维生素 A 动员对铜的依赖作用增强。但是后期铜 (0mg/kg) 最高，这可能是生长后期，添加铜组 (8mg/kg、150mg/kg、225mg/kg) 机体的铜贮已经能满足组织维生素 A 代谢的需要，因而抑制了血清维生素 A 的动员，相反，没添加铜 (0mg/kg) 组，机体的铜贮不能满足组织维生素 A 代谢的需要，从而促进了血清维生素 A 的动员，以满足组织对维生素 A 的利用。

肝脏维生素 A 浓度随日粮铜添加水平的变化趋势：前期随着日粮铜添加水平 (0~8mg/kg) 的增加，肝脏维生素 A 浓度迅速升高，随着铜添加水平 (8~225mg/kg) 的继续增加，肝脏维生素 A 浓度又缓慢下降 (图 5-1)。后期随着日粮铜添加水平 (0~8mg/kg) 的增加，肝脏维生素 A 浓度迅速升高，随着铜添加水平 (8~150mg/kg) 的继续增加，肝脏维生素 A 浓度缓慢升高，随着铜添加水平 (150~225mg/kg) 的继续增加，肝脏维生素 A 浓度又缓慢下降 (图 5-1)。

血清维生素 A 浓度随日粮铜添加水平的变化趋势：前后期血清维生素 A 随铜水平 (0~225mg/kg) 的变化呈水平直线趋势 (图 5-1)，说明血清维生素 A 浓度不受日粮铜添加水平变化的影响，这与闫素梅 (2001) 报道的结果相似。这可能是由于机体存在的内稳恒机制，即使肝脏维生素 A 储备在很大的范围内波动，血清维生素 A 浓度仍能维持在相对稳定的水平。

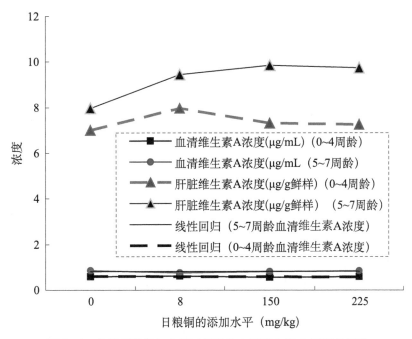

图5-1　日粮铜的添加水平对肝脏和血清维生素A浓度的影响

由表5-6可知，日粮维生素A的添加水平对前期肝脏铜浓度影响不显著（$P>0.05$），对后期肝脏铜浓度影响显著（$P<0.01$）。后期随着维生素A添加水平增加，肝脏铜浓度也显著升高（$P<0.01$）。

表5-6　肝脏铜浓度（风干样）

添加水平			4周龄	7周龄
Cu（mg/kg）	维生素A（IU/kg）	n	肝脏Cu浓度（mg/kg）	肝脏Cu浓度（mg/kg）
0	1 500	4	20.10±1.98c	22.59±2.66c
8	1 500	4	34.14±4.16a	26.97±5.31bc
150	1 500	4	28.74±3.78b	21.96±4.42c
225	1 500	4	29.74±0.83b	25.53±2.22c
0	5 000	4	28.84±2.58b	31.80±1.67ab
8	5 000	4	28.70±3.24b	32.14±2.93ab
150	5 000	4	25.37±3.30b	35.61±3.38a
225	5 000	4	28.07±1.82b	33.62±4.15a

（续表）

添加水平			4 周龄		7 周龄
Cu（mg/kg）	维生素 A（IU/kg）	n	肝脏 Cu 浓度（mg/kg）		肝脏 Cu 浓度（mg/kg）
0		8	24.465c	29.574	
8		8	31.423a	29.553	
150		8	27.051bc	28.785	
225		8	28.904ab	29.574	
	1 500	16	27.742	24.260b	
	5 000	16	28.179	33.291a	
P 值	Cu		0.000 6	0.505 2	
	维生素 A		0.673 9	0.000 1	
	Cu × 维生素 A		0.000 3	0.143 5	

日粮中不同维生素 A 水平对后期肝脏铜浓度影响显著（$P < 0.01$）。后期随着日粮维生素 A 添加水平（1 500 ~ 5 000IU/kg）的增加，肝脏铜浓度升高。日粮中不同维生素 A 水平对前期肝脏铜浓度影响虽然不显著，但随着日粮维生素 A 添加水平（1 500 ~ 5 000IU/kg）的增加，肝脏铜浓度也有升高的趋势。这说明维生素 A 促进了肝脏铜的沉积。维生素 A 对肝脏铜浓度的影响与生长阶段有关，影响程度后期大于前期。

由表 5 - 5 可知，铜与维生素 A 交互作用对前后期肝脏维生素 A 浓度影响均显著（$P < 0.01$）。前期 Cu（8mg/kg）×维生素 A（5 000IU/kg）组肝脏维生素 A 浓度最高，后期 Cu（150mg/kg）×维生素 A（5 000IU/kg）组肝脏维生素 A 浓度最高。

由表 5 - 5 可知，铜与维生素 A 交互作用对前后期血清维生素 A 浓度影响均显著（$P < 0.01$）。前期 Cu（225mg/kg）×维生素 A（5 000IU/kg）组血清维生素 A 浓度最高。后期 Cu（0mg/kg）×维生素 A（5 000IU/kg）组血清维生素 A 浓度最高。

由表 5 - 6 可知，铜与维生素 A 交互作用对前期肝脏铜浓度影响显著（$P < 0.01$），Cu（8mg/kg）×维生素 A（1 500IU/kg）组肝脏铜浓度最高。

铜与维生素 A 交互作用对后期肝脏铜浓度影响不显著（$P > 0.05$）。

铜与维生素 A 交互作用对前后期肝脏维生素 A 浓度影响均显著（$P < 0.01$）。前期铜（8mg/kg）×维生素 A（5 000IU/kg）组肝脏维生素 A 浓度最高，后期 Cu（150mg/kg）×维生素 A（5 000IU/kg）组肝脏维生素 A 浓度最高。铜与维生素 A 交互作用对前后期血清维生素 A 浓度影响均显著（$P < 0.01$）。前期 Cu（225mg/kg）×维生素 A（5 000IU/kg）组血清维生素 A 浓度最高。后期 Cu（0mg/kg）×维生素 A（5 000IU/kg）组血清维生素 A 浓度最高。这表明铜与维生素 A 交互作用对维生素 A 代谢的影响不仅受日粮铜和维生素 A 的影响，而且受铜与维生素 A 交互作用的影响。尚未见有关铜与维生素 A 交互作用对肝脏和血清维生素 A 浓度的报道，有待于进一步探讨。

铜与维生素 A 交互作用对前期肝脏铜浓度影响显著。此结果与 Sundaresan（1996）对大鼠的研究结果相似。Cu（8mg/kg）×维生素 A（1 500IU/kg）组肝铜浓度最高。铜与维生素 A 交互作用对后期肝铜浓度影响不显著（$P > 0.05$）。这说明铜与维生素 A 交互作用可能与肉仔鸡生长阶段有关，铜与维生素 A 交互作用对肝脏铜浓度的影响程度前期大于后期。

2. 铜和维生素 A 及其交互作用对各自代谢的影响

由表 5 - 6 可知，日粮铜的添加水平对前期肝脏铜浓度的影响显著（$P < 0.01$）。铜（0mg/kg）组肝脏铜浓度最低，随着铜添加水平升至（8mg/kg）组，肝脏铜浓度显著升高（$P < 0.05$）。铜（150mg/kg）组比（8mg/kg）显著降低（$P < 0.05$）。铜（8mg/kg、150mg/kg、225mg/kg）三组与铜（0mg/kg）组相比，肝脏铜浓度都显著升高（$P < 0.05$）。日粮铜的添加水平对后期肝脏铜浓度影响差异不显著（$P > 0.05$）。

由表 5 - 5 可知，日粮中维生素 A 的添加水平对前后期肝脏维生素 A 浓度和血清维生素 A 浓度的影响均显著（$P < 0.01$），且都随日粮中维生素

A 添加水平的增加而升高。

肝脏是动物贮存铜的主要器官。大量研究表明，日粮铜的添加水平低于需要量时，肝铜随日粮变化不大；当日粮中铜水平高于需要量，但又不至于中毒时，肝铜含量则成倍增加，可见肝铜可作为评价铜状况的一个指标。许多学者研究表明，用高铜日粮喂猪，可造成猪肝脏的铜蓄积，从而降低食用性，甚至对人体产生毒害作用。

本试验结果表明，日粮铜的添加水平对前期肝铜浓度影响差异显著（$P < 0.01$）。虽然 Cu（8mg/kg、150mg/kg、225mg/kg）三组比 Cu（0mg/kg）组肝脏浓度显著升高，但肝铜浓度没有成倍增加。日粮铜的添加水平对后期肝脏铜浓度无显著影响（$P > 0.05$）。由此可见随着日粮中铜水平的增加，鸡肝内铜浓度含量并不像家畜那样造成肝脏铜的蓄积，从而使其食用价值下降，对人体产生毒害作用。但前期 Cu（8mg/kg、150mg/kg、225mg/kg）三组还是比 Cu（0mg/kg）组升高（$P < 0.05$），最高升高28%。后期差异不明显（$P > 0.05$）。说明高剂量铜对肉仔鸡肝铜含量影响不大。这与周桂莲（1996）、Smith（1969）、Johnson（1985）及郑学斌（2003）的研究结果相似。

总的来说，肉鸡饲喂高铜日粮，其肝脏比正常食用的猪肝铜41.3mg/kg、牛肝铜77~120mg/kg、羊肝铜100~236mg/kg 等的残留量低。所以从食品卫生角度看，肉仔鸡日粮添加高剂量的铜比其他动物添加高剂量的铜安全得多。

日粮中维生素 A 的添加水平对前后期肝脏和血清维生素 A 浓度影响均显著（$P < 0.01$）。前后期肝脏与血清维生素 A 浓度均随着维生素 A 添加水平的增加而显著增加，这与姜俊芳（2003）、Roodenburg（1996）、黄俊纯（1989）研究结果一致。

3. 铜和维生素 A 及其互作效应对血红蛋白（Hb）的影响

由表 5 - 7 可知，日粮铜的添加水平对前后期 Hb 含量影响均显著

（$P < 0.01$）。前后期都是日粮铜（0mg/kg）Hb 含量最高，且前后期铜（0、8mg/kg、150mg/kg、225mg/kg）四组两两之间差异都显著（$P < 0.05$）。前期随着铜的添加水平为（0、8mg/kg、150mg/kg）三组 Hb 含量显著下降，后期随着铜的添加水平为（0、8mg/kg）二组 Hb 含量显著下降。

日粮中维生素 A 的添加水平对前后期 Hb 含量影响均显著（$P < 0.01$），且随着日粮中维生素 A 添加水平的增加，前后期 Hb 含量均显著升高。

铜与维生素 A 交互作用对前后期 Hb 的影响均显著（$P < 0.01$）。前期 Cu（0mg/kg）×维生素 A（5 000IU/kg）组 Hb 含量最高；后期 Cu（225mg/kg）×维生素 A（5 000IU/kg）组 Hb 含量最高。

日粮不同铜水平对前后期 Hb 含量影响均显著（$P < 0.01$），前后期均是 Cu（0mg/kg）组最高。铜（8mg/kg、150mg/kg、225mg/kg）三组都比铜（0mg/kg）组显著降低（$P < 0.05$）。这可能是铜抑制了 Hb 的合成，或许是由于本试验基础日粮铜的添加水平较高（16～24mg/kg），且本试验中铁的添加水平为 0mg/kg。

铜和铁一起对 Hb 的合成都很重要。Hb 中不含铜，但微量的铜起着催化剂的作用，促进机体利用铁来合成 Hb。本试验中铜添加水平（0mg/kg）可能已经满足 Hb 合成所需的铜。或许，随着铜添加水平的增加，日粮中铁水平并没有增加。但由于铁与铜在吸收方面相互竞争相同的结合位点，从而相互拮抗，由此造成铁水平相对降低。又因为铁是 Hb 的组成成分，在一定范围内 Hb 合成随铁水平增加而增加。因而造成 Hb 合成由于铁水平的相对降低也下降。

日粮维生素 A 的添加水平对前后期 Hb 含量影响均显著，且随着日粮维生素 A 的添加水平增加，Hb 含量也增加（$P < 0.05$）。这说明维生素 A 可以促进 Hb 合成，与张苏亚（2002）结果相似。

铜与维生素 A 交互作用对前后期 Hb 含量影响均显著（$P < 0.01$）。前

期 Cu（0mg/kg）×维生素 A（5 000IU/kg）组 Hb 含量最高。后期 Cu（225mg/kg）×维生素 A（5 000IU/kg）组 Hb 含量最高，与 Cu（0mg/kg）×维生素 A（1 500IU/kg）组差异不显著。前后期均是单因素铜（0mg/kg）和单因素维生素 A（5 000IU/kg）组最高，但后期交互作用却是 Cu（225mg/kg）×维生素 A（5 000IU/kg）组最高，说明铜与维生素 A 存在一定的交互作用。目前尚未见铜与维生素 A 交互作用对 Hb 含量影响的有关报道，有待于进一步探讨。

4. 铜和维生素 A 及其互作效应对红细胞计数（RCC）的影响

由表 5-7 可知，日粮中铜的添加水平对前后期 RCC 影响均不显著（$P > 0.05$）。

日粮中维生素 A 的添加水平对前期的 RCC 影响不显著（$P > 0.05$）；但随着日粮维生素 A 添加水平的增加而升高，对后期 RCC 影响显著（$P < 0.05$），随着日粮水平的升高，RCC 也显著升高。

铜与维生素 A 交互作用对前后期 RCC 影响均不显著（$P > 0.05$）。

表 5-7　血红蛋白含量及红细胞计数

| 添加水平 | | | 4 周龄 | | 7 周龄 | |
Cu（mg/kg）	维生素 A（IU/kg）	n	Hb 含量（g/L）	RCC（10^{10}/L）	Hb 含量（g/L）	RCC（10^{10}/L）
0	1 500	4	13. 64 ± 1. 55ef	233 ± 112. 11	24. 77 ± 0. 82b	190. 75 ± 56. 24ab
8	1 500	4	12. 24 ± 1. 13f	203. 25 ± 129. 86	16. 87 ± 1. 44e	110. 5 ± 141. 58b
150	1 500	4	15. 01 ± 0. 60de	271. 50 ± 83. 80	20. 76 ± 0. 18d	174. 75 ± 189. 67ab
225	1 500	4	12. 54 ± 1. 29f	227. 25 ± 55. 01	20. 58 ± 0. 94d	182. 5 ± 78. 02ab
0	5 000	4	28. 32 ± 1. 65a	265. 75 ± 121. 95	24. 42 ± 0. 71b	204. 75 ± 18. 45ab
8	5 000	4	26. 26 ± 0. 98b	248. 00 ± 159. 05	22. 84 ± 0. 39c	230. 75 ± 32. 23ab
150	5 000	4	16. 39 ± 1. 55b	250. 00 ± 66. 68	24. 27 ± 0. 60b	205. 0 ± 36. 51ab
225	5 000	4	22. 59 ± 0. 84c	191. 75 ± 64. 40	26. 37 ± 1. 40a	314. 25 ± 65. 70a
0		8	20. 98a	249. 38	24. 5938a	197. 75
8		8	19. 25b	225. 63	19. 8513d	170. 63
150		8	15. 70d	261. 0	22. 5125c	189. 88

（续表）

添加水平			4 周龄		7 周龄	
Cu（mg/kg）	维生素 A（IU/kg）	n	Hb 含量（g/L）	RCC（10^{10}/L）	Hb 含量（g/L）	RCC（10^{10}/L）
225		8	17. 56c	209. 5	23. 4763d	248. 38
	1 500	16	13. 36b	233. 75	20. 74b	164. 63b
	5 000	16	23. 39a	239. 00	24. 47a	238. 61a
P 值	Cu		0. 000 1	0. 761 2	0. 000 1	0. 421 5
	维生素 A		0. 000 1	0. 888 7	0. 000 1	0. 037 4
	Cu×维生素 A		0. 000 1	0. 837 8	0. 000 1	0. 500 5

日粮铜的添加水平对前后期 RCC 影响均不显著（$P > 0.05$）。这表明，日粮铜的添加水平对红细胞数量没有影响。铜营养生理功能是维持铁的正常代谢，有利于 Hb 合成和红细胞成熟（杨凤，2000）。铁、铜缺乏均可引起贫血，但缺铜性贫血的特点是红细胞成熟延缓，寿命缩短。可见铜对红细胞数量影响不大。

日粮维生素 A 添加水平对前期 RCC 影响不显著（$P > 0.05$），但随维生素 A 添加增加，RCC 也有增加趋势；对后期 RCC 影响显著（$P < 0.05$），并且随维生素 A 增加，RCC 也增加（$P < 0.05$）。这说明维生素 A 影响红细胞增殖，与 Roodenburg（1996）、张春善（2003）结果相似。李延玉（1999）等对小鼠的研究表明，维生素 A 促进造血机制是维生素 A 促进小鼠骨髓基质细胞（BMSC）分泌造血细胞生长因子并加强其黏附能力，通过调节 BMSC 中原癌基因 C-jun，C-fos 的信号传导通路调节 BMSC 的分泌粒—单集落刺激因子 GM-CSF 而影响红系造血。

铜与维生素 A 交互作用对前后期 RCC 影响均不显著（$P > 0.05$）。单因素维生素 A 对后期 RCC 有显著影响（$P < 0.05$），单因素铜对后期 RCC 无显著影响（$P > 0.05$）。二者交互作用对 RCC 无显著影响（$P > 0.05$），说明铜与维生素 A 之间存在互作效应。目前尚未见铜与维生素 A 交互作用对 RCC 影响的有关报道，有待于进一步探讨。

5. 铜和维生素A及其互作效应对红细胞比容（PCV）的影响

由表5-8可知，日粮铜的添加水平对前期 PCV 值影响不显著（$P > 0.05$）。日粮中铜的添加水平对后期 PCV 值影响显著（$P < 0.01$），日粮中铜（0mg/kg）组 PCV 值最大，日粮中铜（8、225mg/kg）二组与铜（0mg/kg）组差异显著。

表5-8 红细胞比容及血沉

添加水平			4 周龄		7 周龄	
Cu (mg/kg)	维生素A (IU/kg)	n	PCV（%）	ESR（mm/h）	PCV（%）	ESR（mm/h）
0	1 500	4	28.25 ± 0.39b	3.21 ± 0.42a	31.15 ± 0.65ab	1.30 ± 0.0e
8	1 500	4	28.43 ± 0.48b	2.55 ± 0.10b	31.33 ± 0.05a	1.15 ± 0.06f
150	1 500	4	28.60 ± 0.46b	2.08 ± 0.10c	28.6 ± 0.24c	1.80 ± 0.14c
225	1 500	4	27.90 ± 0.8b	2.13 ± 0.05c	28.20 ± 0.99c	1.15 ± 0.06f
0	5 000	4	32.35 ± 0.29a	1.13 ± 0.13e	28.35 ± 0.48c	1.50 ± 0.08d
8	5 000	4	32.38 ± 1.47a	1.13 ± 0.05e	25.95 ± 0.44d	2.18 ± 0.05a
150	5 000	4	31.75 ± 0.53a	1.60 ± 0.00d	30.53 ± 0.22b	2.0 ± 0.0b
225	5 000	4	32.88 ± 2.51a	1.33 ± 0.05e	28.98 ± 0.15c	1.28 ± 0.05e
0		8	30.30	2.17a	29.75a	1.40c
8		8	30.40	1.84b	28.64b	1.67b
150		8	30.18	1.84b	29.56a	1.90a
225		8	30.38	1.73b	28.59b	1.21d
	1 500	16	28.29b	2.49a	29.82a	1.35b
	5 000	16	32.34a	1.29b	28.45b	1.74a
P 值	Cu		0.976 1	0.000 1	0.000 1	0.000 1
	维生素A		0.000 1	0.000 1	0.000 1	0.000 1
	Cu × 维生素A		0.460 3	0.000 1	0.000 1	0.000 1

日粮维生素A的添加水平对前后期 PCV 值影响均显著（$P < 0.01$）。前期是维生素A（5 000IU/kg）组 PCV 值最大，后期是维生素A（1 500IU/kg）组 PCV 值最大。

铜和维生素 A 交互作用对前期 PCV 影响不显著（$P > 0.05$）。铜和维生素 A 交互作用对后期 PCV 值影响显著（$P < 0.01$），Cu（8mg/kg）×维生素 A（1 500IU/kg）组对 PCV 值最大。Cu（0mg/kg）×维生素 A（1 500IU/kg）组与 Cu（8mg/kg）×维生素 A（1 500IU/kg）组差异不显著（$P > 0.05$）。

红细胞比容（PCV）是指被离心压紧的红细胞所占全血的容积百分比。

日粮铜的添加水平对前期 PCV 值影响不显著（$P > 0.05$）；对后期 PCV 值影响显著（$P < 0.01$），且铜（0mg/kg）组 PCV 值最高。这可能是由于铜（0mg/kg）组 Hb 最高（表 5 – 7），Hb 是红细胞的主要成分，从而使得铜（0mg/kg）组 PCV 值也最高。

日粮维生素 A 添加水平对前后期 PCV 值影响均显著（$P < 0.01$）。但前期 PCV 值随日粮维生素 A 的添加水平增加而增加，后期 PCV 值随日粮维生素 A 的添加水平增加而下降。前人研究结果，如 Roodenburg 等研究指出，维生素 A 充足时不影响小鼠血液的 PCV 值。Beynen 等报，道临界维生素 A 缺乏不影响小鼠血液 PCV 值。而 Houwelingen 等则指出，限制维生素 A 用量会使小鼠血液 PCV 值降低。本实验前后期 PCV 值变化趋势不同，可能是因为肉仔鸡前后期对维生素 A 的需要量不同而造成的。

铜与维生素 A 交互作用对前期 PCV 值影响不显著（$P > 0.05$）。铜与维生素 A 交互作用对后期 PCV 值影响显著（$P < 0.01$），Cu（8mg/kg）×维生素 A（1 500IU/kg）组对 PCV 影响最大。Cu（0mg/kg）×维生素 A（1 500IU/kg）组与 Cu（8mg/kg）×维生素 A（1 500IU/kg）组差异不显著。目前尚未见铜与维生素 A 交互作用对 PCV 值影响的有关报道，有待于进一步探讨。

6. 铜和维生素 A 及其互作效应对血沉（ESR）的影响

由表 5 – 8 可知，日粮铜的添加水平对前后期 ESR 影响均显著

（$P < 0.01$）。前期铜（0mg/kg）组 ESR 最快。铜（8mg/kg、150mg/kg、225mg/kg）三组都比铜（0mg/kg）组显著降低（$P < 0.01$），且随着铜添加水平上升，ESR 显著下降；后期铜（150mg/kg）组最高，随着铜添加水平为 225mg/kg 时，ESR 显著下降。

日粮维生素 A 的添加水平对前后期 ESR 的影响均显著。前期维生素 A（1 500IU/kg）组 ESR 最快，后期维生素 A（5 000IU/kg）组 ESR 最快。

铜与维生素 A 交互作用对前后期 ESR 影响均显著（$P < 0.01$）。前期 Cu（0mg/kg）×维生素 A（1 500IU/kg）组 ESR 最快，后期 Cu（8mg/kg）×维生素 A（5 000IU/kg）组 ESR 最快。

血液加入抗凝剂后，红细胞聚合叠连，在一定时间内下降的距离，称为血沉。通常以红细胞第 1h 末在血沉管中下沉的距离来表示。血沉又名红细胞沉降率（erythrocyte sedimentation rate，ESR）。血沉在临床诊断方面具有重要意义。疾病可导致血沉过快或过慢。

日粮铜的添加水平对前后期 ESR 影响均显著（$P < 0.01$）。前期铜（0mg/kg）组 ESR 最快。后期铜（150mg/kg）组 ESR 最快。但都在正常范围之内，说明肉仔鸡处于健康状态。前期随着铜的添加水平（0～150mg/kg）增加，Hb 含量显著下降，后期随着铜的添加水平（0～8mg/kg）增加，Hb 含量显著下降。这表明低水平铜可能有利于 Hb 合成。

日粮维生素 A 的添加水平对前后期 ESR 的影响均显著。前期维生素 A 的添加水平为 1 500IU/kg 时 ESR 最快，与张春善（2003）结果一致。

铜与维生素 A 交互作用对前后期 ESR 影响均显著。前期 Cu（0mg/kg）×维生素 A（1 500IU/kg）组 ESR 最快，其平均值为 3.21mm/h，高于 1h 鸡的 ESR 的正常范围（1～3mm），说明肉仔鸡可能处于疾病状态或者是贫血状态。后期 Cu（8mg/kg）×维生素 A（5 000IU/kg）组 ESR 最快，但在正常范围之内，说明肉仔鸡处于健康状态。今后应结合其他血液学诊断和检验方法做进一步研究。

7. 铜和维生素 A 及其互作效应对白细胞计数（WCC）的影响

由表 5 - 9 可知，日粮铜的添加水平对前后期 WCC 影响均显著（$P < 0.05$）。前期铜（225mg/kg）组 WCC 最高，后期铜（150mg/kg）组 WCC 最高。前期铜（150mg/kg）组与铜（225mg/kg）组之间差异不显著（$P > 0.05$）。后期铜（225mg/kg）组比铜（150mg/kg）组 WCC 显著下降（$P < 0.05$）。前期随着铜的添加水平（0 ~ 225mg/kg）的增加，WCC 显著升高，后期随着铜的添加水平（0 ~ 150mg/kg）的增加，WCC 显著升高。

表 5 - 9　白细胞计数

添加水平			4 周龄	7 周龄
Cu（mg/kg）	维生素 A（IU/kg）	n	WCC（个/mm³）	WCC（个/mm³）
0	1 500	4	6 812 ±1 559c	4 087 ±349d
8	1 500	4	5 937 ±657c	6 825 ±312c
150	1 500	4	15 312.5 ±4 114.8ab	10 062.5 ±312.25a
225	1 500	4	13 062.5 ±1 599b	1 0812 ±688.4a
0	5 000	4	15 375 ±1 108ab	8 500 ±456b
8	5 000	4	16 625 ±433ab	8 250 ±1 744b
150	5 000	4	14 250 ±4 907ab	9 937 ±125a
225	5 000	4	17 812 ±2 664a	5 125 ±250d
0		8	11 094b	6 293.8c
8		8	11 281b	7 537.5b
150		8	14 781a	10 000a
225		8	15 438a	7 968.8b
	1 500	16	10 281.3b	7 946.9
	5 000	16	16 001.5a	7 953.1
P 值	Cu		0.03 2	0.000 1
	维生素 A		0.000 1	0.980 8
	Cu × 维生素 A		0.000 9	0.000 1

日粮维生素 A 的添加水平对前期 WCC 影响显著（$P < 0.01$），维生素 A（5 000IU/kg）组比维生素 A（1 500IU/kg）组显著升高（$P < 0.01$）；日粮维生素 A 的添加水平对后期 WCC 影响差异不显著（$P > 0.05$）。

铜与维生素 A 交互作用对前后期 WCC 影响均显著（$P < 0.01$）。前期 Cu（225mg/kg）× 维生素 A（5 000IU/kg）组 WCC 最高，后期 Cu（225mg/kg）× 维生素 A（1 500IU/kg）组 WCC 最高。

血液中的白细胞对外来细菌和异物及体内坏死组织等具有吞噬、分解作用。

日粮铜的添加水平对前后期 WCC 影响均显著（$P < 0.05$）。前期铜（225mg/kg）组 WCC 最高，后期铜（150mg/kg）组 WCC 最高。前期铜（150mg/kg）组与铜（225mg/kg）组差异不显著（$P > 0.05$）。前期随着铜的添加水平（0 ~ 225mg/kg）的增加，WCC 显著升高，后期随着铜的添加水平（0 ~ 150mg/kg）的增加，WCC 显著升高。这说明高水平的铜可能有利于白细胞的生成。许多研究学者认为高铜促生长（虽然高铜促生长作用目前在肉仔鸡上尚无定论）的机理之一是降低肠道细菌数量，有抑菌作用。笔者推测高铜的抑菌作用可能与高铜促进白细胞的生成有关。今后应结合白细胞分类计数和其他检测方法来进一步探讨高铜促进白细胞生成的相关机理。

日粮维生素 A 的添加水平对前期 WCC 影响显著（$P < 0.01$），随着维生素 A 水平的增加，WCC 显著上升（$P < 0.01$）；日粮维生素 A 的添加水平对后期 WCC 影响差异不显著（$P > 0.05$），但随着维生素 A 水平的增加，WCC 有上升的趋势。这说明维生素 A 可能促进白细胞的生成。笔者认为维生素 A 对肉仔鸡白细胞生成的影响程度可能前期大于后期。

铜与维生素 A 交互作用对前后期 WCC 影响均显著（$P < 0.01$）。前期 Cu（225mg/kg）× 维生素 A（5 000IU/kg）组 WCC 最高，后期 Cu（225mg/kg）× 维生素 A（1 500IU/kg）组最高。这说明铜与维生素 A 间

存在交互作用。尚未见到铜与维生素 A 交互作用以对 WCC 影响的报道，有待于进一步探讨。

第七节　铜和维生素 A 及其互作效应对肉仔鸡体内糖、脂、蛋白质代谢的影响

一、样品制备及指标测定方法

分别于 4 周龄末和 7 周龄末进行屠宰试验，屠宰前试鸡饥饿 24h，以使胃肠道内容物排尽。每个重复屠宰 1 只，每个处理屠宰 4 只，4 只全部为公鸡。屠宰前制备血清，低温保存，待测有关指标。血糖、血清中胆固醇、甘油三酯、高密度脂蛋白、尿素氮、总蛋白浓度均用试剂盒法测定，以及血清中乳酸脱氢酶、谷草转氨酶、谷丙转氨酶和脂肪酶活性的测定也采用试剂盒法测定，试剂盒由南京建成生物工程研究所提供。血清胰岛素浓度测定由山西高科技医学检测中心用生物化学法测试。

屠宰后取十二指肠，去掉内容物，用蒸馏水冲洗干净，刮取黏膜层，制备均浆，低温保存，待测有关指标。十二指肠脂肪酶和淀粉酶的测定用试剂盒法，试剂盒由南京建成生物工程研究所提供。

二、结果与分析

（一）铜、维生素 A 及其互作效应对肉仔鸡体内糖代谢的影响

1. 铜和维生素 A 及其互作效应对肉仔鸡 GLU 浓度（mg/dL）的影响

由表 5 - 10 可知，日粮铜的添加水平对前期 GLU 影响不显著（$P > 0.05$），但总体趋势是高铜降低了血糖；对后期 GLU 影响显著（$P < 0.05$），铜（8mg/kg）组浓度最低，高铜组（225mg/kg）浓度也较低。

日粮维生素 A 的添加水平对前后期 GLU 影响均极显著（$P < 0.01$），

随着维生素 A 水平的增加，浓度降低。

铜与维生素 A 交互作用对前期 GLU 影响极显著（$P < 0.01$），Cu（225mg/kg）×维生素 A（5 000IU/kg）组最低；对后期 GLU 影响不显著（$P > 0.05$），但 Cu（225mg/kg）×维生素 A（5 000IU/kg）组也最低。

余顺祥等（2004）报道，高铜（250mg/kg）可显著降低猪 GLU 浓度。李清宏等（2001，2004）报道，高剂量甘氨酸铜（250mg/kg）降低了断奶仔猪 GLU 浓度。本试验结果也证明了这一点，高铜可降低 GLU 浓度。

王兰芳等（2001）报道，蛋鸡日粮中添加高水平的维生素 A（9 000IU/kg）使其 GLU 显著升高。本试验却发现，肉鸡日粮中添加高水平的维生素 A（5 000IU/kg）使其 GLU 显著降低。与其报道不一致，可能与实验动物及维生素 A 的添加剂量不同有关，有待进一步研究。

对于铜与维生素 A 交互作用对 GLU 浓度影响的研究尚未见到报道。由本试验结论看，前后期 Cu（225mg/kg）×维生素 A（5 000IU/kg）组 GLU 浓度均最低，说明高铜与高剂量的维生素 A 在降低 GLU 浓度作用上有可加性。

2. 铜和维生素 A 及其互作效应对肉仔鸡血清 INS 浓度（μIU/mL）的影响

由表 5 - 10 可知，日粮铜的添加水平对前后期血清 INS 浓度影响极显著（$P < 0.01$），前期铜（0mg/kg）组浓度最高，但与高铜（150mg/kg）组差异不显著；后期高铜（225mg/kg）组浓度最高。

表 5 - 10　铜与维生素 A 互作效应对血糖 GLU（mg/dL）和血清胰岛素 INS（μIU/mL）浓度的影响

添加水平			4 周龄		7 周龄	
Cu（mg/kg）	维生素 A（IU/kg）	n	GLU（mg/dL）	INS（μIU/mL）	GLU（mg/dL）	INS（μIU/mL）
0	1 500	4	241.00 ± 6.38a	8.91 ± 0.14a	170.53 ± 22.72bc	5.14 ± 1.19ab
8	1 500	4	196.00 ± 50.62ab	7.35 ± 0.64b	141.45 ± 2.08bc	3.90 ± 0.63b

（续表）

添加水平			4 周龄		7 周龄	
Cu （mg/kg）	维生素 A （IU/kg）	n	GLU （mg/dL）	INS （μIU/mL）	GLU （mg/dL）	INS （μIU/mL）
150	1 500	4	206.75±30.32ab	8.46±0.79ab	240.25±16.76a	4.21±0.04b
225	1 500	4	224.00±24.59ab	3.79±0.85de	188.25±60.52b	5.25±0.20ab
0	5 000	4	175.75±49.88b	5.60±0.64c	156.25±16.78bc	5.21±0.27ab
8	5 000	4	231.50±7.76ab	3.40±0.42e	122.75±62.36c	3.55±0.30b
150	5 000	4	174.75±54.59b	4.79±1.50cd	142.00±10.20bc	3.24±1.65b
225	5 000	4	122.25±2.36c	3.72±1.07de	113.50±34.89c	6.95±3.47a
0		8	208.38ab	7.25a	163.39ab	5.18ab
8		8	213.75a	5.38b	132.10b	3.73b
150		8	190.75ab	6.62a	191.13a	3.72b
225		8	173.13b	3.76c	150.88b	6.10a
	1 500	16	216.94a	7.13a	185.12a	4.63a
	5 000	16	176.06b	4.38b	133.63b	4.74a
P 值	Cu		0.108 6	0.000 1	0.020 3	0.006 6
	维生素 A		0.002 8	0.000 1	0.000 4	0.832 6
	Cu×维生素 A		0.004 5	0.000 3	0.063 0	0.315 8

日粮维生素 A 的添加水平对前期 INS 浓度影响极显著（$P<0.01$），随着维生素 A 水平的增加，浓度降低；对后期 INS 浓度影响不显著（$P>0.05$）。

铜与维生素 A 交互作用对前期 INS 浓度影响极显著（$P<0.01$），Cu（8mg/kg）×维生素 A（5 000IU/kg）组最低，但与 Cu（225mg/kg）×维生素 A（1 500IU/kg）组和 Cu（225mg/kg）×维生素 A（5 000IU/kg）组之间差异不显著（$P>0.05$）；对后期胰岛素浓度影响不显著（$P>0.05$）。

胰岛素可促进细胞有丝分裂、生长和分化，促进胃肠道迅速发育，诱导小肠黏膜成熟，加速肠道对大分子的吸收，尤其是能增强猪肠道刷状缘酶（如乳糖酶）的活性，较高的胰岛素在利用乳糖方面有重要作用。

高原等（2002）报道，断乳仔猪日粮中添加150～300mg/kg铜，即可明显提高INS的分泌量。这说明促生长剂量的铜对机体糖代谢状态有影响。INS具有多种调节物质代谢的功能，最显著的生理功能就是提高组织摄取葡萄糖的能力，抑制肝糖原分解，促进肝糖原及肌糖原的合成。铜对INS的影响可能是通过GH诱导产生的。Klindt等给体重为59kg的猪注射4mg/d的猪生长激素（porcine somatotropin, pST），发现pST能明显提高血清INS的含量，使猪的生长性能提高，蛋白质沉积增加。由此认为，血清GH增加可能是导致血清INS水平上升的原因之一。另外，张苏江等（2002, 2003）报道，在生长猪饲粮中以硫酸铜为铜源添加高铜（100mg/kg、150mg/kg、200mg/kg、250mg/kg、300mg/kg），其血清INS水平明显提高。本试验也有此结论，即高铜可提高血清INS水平。但是，魏磊磊等（2004）报道，添加150mg/kg的铜能显著降低蛋鸡血浆中INS水平，本试验结论与其不一致，可能与试验动物有关，有待进一步研究。

张春善等（2000）报道，高维生素A（8 800IU/kg）明显抑制了肉仔鸡血清中INS浓度。本试验的结论与其一致，说明高水平的维生素A可抑制血清INS浓度。

关于铜与维生素A交互作用对INS浓度的影响，在本试验中，前期影响极显著，Cu（8mg/kg）×维生素A（5 000IU/kg）组最低，说明低铜与高剂量的维生素A在降低INS浓度作用上有可加性；后期影响不显著，Cu（150mg/kg）×维生素A（5 000IU/kg）组最低，但与Cu（8mg/kg）×维生素A（5 000IU/kg）组差异不显著，进一步说明其可加性。

3. 铜和维生素A及其互作效应对肉仔鸡十二指肠淀粉酶浓度（U/L）的影响

由表5-11可知，日粮铜的添加水平对前后期十二指肠淀粉酶浓度的影响均极显著（$P < 0.01$），均为高铜（150mg/kg）组浓度最高。

表 5 – 11　铜与维生素 A 及其互作效应对十二指肠淀粉酶浓度（U/L）和
血清乳酸脱氢酶 LDH 浓度（μ/L）的影响

添加水平			4 周龄		7 周龄	
Cu (mg/kg)	维生素 A (IU/kg)	n	十二指肠淀粉酶 (U/L)	LDH (μ/L)	十二指肠淀粉酶 (U/L)	LDH (μ/L)
0	1 500	4	164.30 ±40.82bc	9 300.5 ±1 545.2b	50.00 ±5.80c	5 804.5 ±721.4ab
8	1 500	4	171.45 ±34.99b	11 146.7 ±513.9a	71.40 ±11.68bc	4 756.3 ±130.1abc
150	1 500	4	264.25 ±8.26a	10 849.0 ±121.2a	138.10 ±24.26a	5 890.0 ±641.1a
225	1 500	4	250.00 ±17.47a	8 182.7 ±768.2cd	133.33 ±29.34a	4 707.3 ±1 222.7abc
0	5 000	4	160.70 ±120.28bc	7 391.0 ±585.6d	66.63 ±6.74c	5 832.5 ±783.5ab
8	5 000	4	164.25 ±5.84bc	10 146.0 ±62.1ab	91.40 ±4.65b	4 137.3 ±1 236.6c
150	5 000	4	144.30 ±12.82d	8 664.0 ±480.9c	57.10 ±0.00c	5 742.8 ±377.6ab
225	5 000	4	146.64 ±100.06d	8 233.3 ±699.5cd	28.60 ±0.00d	4 564.8 ±551.2bc
0		8	112.50b	8 345.8c	58.31c	5 814.0a
8		8	167.85a	10 646.3a	81.40b	4 446.8b
150		8	204.28a	9 756.5b	97.60a	5 816.4a
225		8	198.32a	8 208.0c	80.96b	4 636.0b
	1 500	16	262.50a	9 869.7a	98.21a	5 289.5a
	5 000	16	178.97b	8 608.6b	60.93b	5 067.1a
P 值　Cu			0.000 3	0.000 1	0.000 2	0.001 6
维生素 A			0.000 5	0.000 1	0.000 1	0.435 4
Cu×维生素 A			0.235 5	0.023 7	0.000 1	0.866 7

日粮维生素 A 的添加水平对前后期十二指肠淀粉酶浓度的影响极显著（$P<0.01$），均表现为随着维生素 A 水平的增加，浓度降低。

铜与维生素 A 交互作用对前期十二指肠淀粉酶浓度的影响不显著（$P>0.05$），但 Cu（150mg/kg）×维生素 A（1 500IU/kg）组最高；对后期十二指肠淀粉酶浓度的影响极显著（$P<0.01$），Cu（150mg/kg）×维生素 A（1 500IU/kg）组浓度最高。

占秀安等（2004）研究，杜长大杂交仔猪分别饲以添加 5mg/kg、250mg/kg 铜（硫酸铜）的饲粮，结果表明，高剂量铜使仔猪十二指肠内容物中淀粉酶的总活性增高了 15.6% （$P < 0.05$）。本试验结论与其一致，表明高铜可提高十二指肠淀粉酶活性。但是，杨志彪等（2005）研究表明，水体中不同浓度的 Cu^{2+} 对中华绒螯蟹体内淀粉酶活性有不同程度的抑制作用，且 Cu^{2+} 浓度越高，抑制作用越明显。本试验结论与其不一致，可能与试验动物有很大关系，有待进一步研究。

有关维生素 A 对十二指肠淀粉酶活性的影响尚未见到报道。本试验研究表明，十二指肠淀粉酶浓度与日粮维生素 A 添加水平成反比。

有关铜与维生素 A 交互作用对十二指肠淀粉酶活性的影响，前后期均表现为 Cu（150mg/kg）×维生素 A（1 500IU/kg）组浓度最高。进一步体现了高铜与低剂量的维生素 A 在提高十二指肠淀粉酶活性作用上有可加性。

4. 铜和维生素 A 及其互作效应对肉仔鸡血清 LDH 浓度（μ/L）的影响

由表 5 – 11 可知，日粮铜的添加水平对前后期 LDH 影响均极显著（$P < 0.01$），前期铜（8mg/kg）组浓度最高；后期铜（150mg/kg）组浓度最高，但与铜（0mg/kg）组差异不显著。

日粮维生素 A 的添加水平对前期 LDH 影响极显著（$P < 0.01$），随着维生素 A 水平的增加，浓度降低；对后期 LDH 影响不显著（$P > 0.05$）。

铜与维生素 A 交互作用对前期 LDH 影响显著（$P < 0.05$），Cu（8mg/kg）×维生素 A（1 500IU/kg）组最高，但与 Cu（150mg/kg）×维生素 A（1 500IU/kg）组和 Cu（8mg/kg）×维生素 A（5 000IU/kg）组之间差异不显著；对后期 LDH 影响不显著（$P > 0.05$）。

毕晓云等（2004）报道，羚牛血清铜水平与其 LDH 水平呈负相关。本试验结果中，前期铜（8mg/kg）组浓度最高，后期铜（150mg/kg）组浓度最高，但与铜（0mg/kg）组差异不显著的结论与毕晓云报道基本一致。这表明，日粮中铜水平与血清 LDH 水平呈负相关。但是，张苏江等（2002，2003）报道，在生长猪饲粮中以硫酸铜为铜源分别添加高铜

（100mg/kg、150mg/kg、200mg/kg、250mg/kg、300mg/kg），其血清 LDH 无显著变化，这种不一致可能与试验动物有关，有待进一步研究。

马爱国等（2002）报道，维生素 A 缺乏的大鼠睾丸中 LDH 含量明显降低。而本试验结果为，随着维生素 A 水平的增加，血清 LDH 浓度降低。结论不一致，可能与实验动物及所测部位不同有关，有待进一步研究。

铜与维生素 A 交互作用对 LDH 的影响尚未见到报道。但从本试验结果中发现，前期 Cu（8mg/kg）×维生素 A（1 500IU/kg）组 LDH 浓度最高，表明低铜与低剂量的维生素 A 在降低血清 LDH 浓度的作用上有可加性；而后期 Cu（150mg/kg）×维生素 A（1 500IU/kg）组 LDH 浓度最高，则说明铜与维生素 A 交互作用对 LDH 的影响具有生长阶段差异性。

（二）铜、维生素 A 及其互作效应对脂代谢的影响

1. 铜和维生素 A 及其互作效应对肉仔鸡血清 CHO 浓度（mg/kg）的影响

由表 5 - 12 可知，日粮铜的添加水平对前期 CHO 影响极显著（$P < 0.01$），铜（0mg/kg）组浓度最低，与铜（8mg/kg）组差异不显著；对后期 CHO 影响不显著（$P > 0.05$）。

表 5 - 12　铜与维生素 A 互作效应对血清胆固醇 CHO（mg/kg）和
甘油三酯 TG（mmol/L）浓度的影响

添加水平			4 周龄		7 周龄	
Cu（mg/kg）	维生素 A（IU/kg）	n	CHO（mg/kg）	TG（mmol/L）	CHO（mg/kg）	TG（mmol/L）
0	1 500	4	2. 64 ± 0. 25c	1. 45 ± 0. 14a	2. 81 ± 0. 33ab	0. 20 ± 0. 05d
8	1 500	4	3. 14 ± 0. 51b	0. 62 ± 0. 23b	1. 91 ± 0. 21c	0. 23 ± 0. 02cd
150	1 500	4	4. 70 ± 0. 33a	1. 37 ± 0. 14a	2. 55 ± 0. 27b	0. 34 ± 0. 06bc
225	1 500	4	4. 25 ± 0. 32a	1. 48 ± 0. 37a	3. 22 ± 0. 45a	0. 40 ± 0. 07b
0	5 000	4	2. 42 ± 0. 09c	0. 34 ± 0. 03c	1. 65 ± 0. 26cd	0. 52 ± 0. 06a
8	5 000	4	2. 55 ± 0. 34c	0. 29 ± 0. 04c	2. 66 ± 0. 19b	0. 32 ± 0. 15bcd
150	5 000	4	3. 58 ± 0. 26b	0. 35 ± 0. 07c	1. 82 ± 0. 28c	0. 22 ± 0. 08cd

（续表）

添加水平			4 周龄		7 周龄	
Cu （mg/kg）	维生素 A （IU/kg）	n	CHO （mg/kg）	TG （mmol/L）	CHO （mg/kg）	TG （mmol/L）
225	5 000	4	2.17±0.23c	0.30±0.07c	1.26±0.16d	0.24±0.02cd
0		8	2.53c	0.90a	2.23a	0.36a
8		8	2.84c	0.46b	2.28a	0.27b
150		8	4.14a	0.86a	2.18a	0.28b
225		8	3.21b	0.89a	2.24a	0.32ab
	1 500	16	3.68a	1.23a	2.62a	0.29a
	5 000	16	2.68b	0.32b	1.85b	0.33a
P 值	Cu		0.000 1	0.000 1	0.920 6	0.097 5
	维生素 A		0.000 1	0.000 1	0.000 1	0.216 3
	Cu×维生素 A		0.000 1	0.000 2	0.000 1	0.000 1

日粮维生素 A 的添加水平对前后期 CHO 影响均极显著（$P < 0.01$），表现为随着日粮中维生素 A 水平的增加，CHO 浓度降低。前期降低 27.17%，后期降低 29.39%。铜与维生素 A 交互作用对前后期 CHO 影响均极显著（$P < 0.01$）。前后期均为 Cu（225mg/kg）×维生素 A（5 000IU/kg）组 CHO 浓度最低。

有关铜对血清中 CHO 浓度的影响，报道较多，结果并不一致。

Schoenemann 等（1990）研究碳水化合物对试验性严重缺铜（饲喂含 0.8mg/kg 铜的纯化日粮）断奶猪的影响时发现，日粮严重缺铜使血清 CHO 明显下降（$P < 0.05$）。T. E. Engle 等（2000）报道，当铜水平分别在 20mg/kg 和 40mg/kg 时，牛血清 CHO 浓度均降低。

霍启光等（2001）报道，高铜（125mg/kg）极显著地降低了蛋鸡血浆中的 CHO 浓度。魏磊磊等（2004）报道，添加 150mg/kg 的铜能显著降低蛋鸡血浆中的 CHO 水平。奚刚等（2000）报道，高剂量（240mg/kg）铜可使猪血清 CHO 浓度下降。ALAnkari A 等（1998）报道，日粮铜在

0～250mg/kg 时，蛋鸡 CHO 浓度呈线性下降趋势。British poultry science（2000）报道，日粮铜水平为 200mg/kg 时，蛋鸡血清 CHO 浓度降低。V. H. Konjufca 等（1997）报道，高铜（180mg/kg）可降低肉鸡血清 CHO 浓度。William L. 等（1995）和 Gene M. Pesti 等（1996，1998）均报道，高铜（250mg/kg）可降低肉鸡血清 CHO 浓度。李清宏等（2001）报道，高剂量甘氨酸铜降低了断奶仔猪 CHO 的浓度。

张苏江等（2002，2003）报道，在生长猪饲粮中以硫酸铜为铜源分别添加高铜（100mg/kg、150mg/kg、200mg/kg、250mg/kg、300mg/kg），其血清 CHO 无显著变化。Engle TE：Spears JW（2001）报道，饲粮中添加 10mg/kg 或 40mg/kg 对牛血清中的 CHO 浓度均无影响。

而在本试验的结果中可以看出，铜对肉仔鸡血清中 CHO 浓度的影响存在阶段性差异。前期为铜（0mg/kg）组 CHO 浓度最低，此结论与 Schoen-emann 和 T. E. Engle 的报道基本一致。后期为铜的添加水平对 CHO 浓度无影响，此结论与张苏江和 Engle TE：Spears JW 中的报道相一致。但由于争论较多，仍需进一步研究。

陈智毅等（2002）报道，黄血蚕中含有较高的维生素 A，可使小鼠 CHO 明显降低。但马爱国等（2002）报道，维生素 A 缺乏的大鼠睾丸中 CHO 含量明显降低。而本试验结果表明，随着日粮维生素 A 水平的增加，血清 CHO 浓度降低。

从本试验铜与维生素 A 交互作用对血清 CHO 的影响来看，前后期均表现为 Cu（225mg/kg）×维生素 A（5 000IU/kg）组 CHO 浓度最低，说明只有高水平的铜和高水平的维生素 A 交互作用时，才可以明显降低血清 CHO 浓度。

2. 铜和维生素 A 及其互作效应对肉仔鸡血清 TG 浓度（mmol/L）的影响

由表 5 - 12 可知，日粮铜的添加水平对前期 TG 影响极显著（$P <$ 0.01），铜（8mg/kg）组浓度最低；对后期 TG 影响不显著（$P > 0.05$），但铜（8mg/kg）组浓度最低。

日粮维生素 A 的添加水平对前期 TG 影响极显著（$P < 0.01$），表现为随着日粮中维生素 A 水平的增加，TG 浓度降低；对后期 TG 影响不显著（$P > 0.05$），但随着日粮中维生素 A 水平的增加 TG 浓度稍有升高趋势。

铜与维生素 A 交互作用对前后期 TG 影响均极显著（$P < 0.01$）。前期 Cu（8mg/kg）×维生素 A（5 000IU/kg）组最低，但与 Cu（0mg/kg）×维生素 A（5 000IU/kg）、Cu（150mg/kg）×维生素 A（5 000IU/kg）、Cu（225mg/kg）×维生素 A（5 000IU/kg）组之间差异不显著（$P > 0.05$）；后期 Cu（0mg/kg）×维生素 A（1 500IU/kg）组最低，但与 Cu（8mg/kg）×维生素 A（1 500IU/kg）、Cu（8mg/kg）×维生素 A（5 000IU/kg）、Cu（150mg/kg）×维生素 A（5 000IU/kg）、Cu（225mg/kg）×维生素 A（5 000IU/kg）组之间差异不显著（$P > 0.05$）。

有关铜对血清中 TG 浓度的影响，报道较多，结果并不一致。

Schoenemann 等（1990）研究碳水化合物对试验性严重缺铜（饲喂含 0.8mg/kg 铜的纯化日粮）断奶猪的影响时发现，日粮严重缺铜使血清 TG 明显下降（$P < 0.05$）。奚刚等（2000）报道，高剂量（240mg/kg）铜可使猪血清 TG 浓度升高。李清宏等（2001）报道，高剂量甘氨酸铜提高了断奶仔猪血清 TG 浓度。

魏磊磊等（2004）报道，添加 150mg/kg 的铜能显著降低蛋鸡血浆中 TG 水平。滑静等（2003）报道，与不添加铜相比，铜添加量为 30mg/kg、60mg/kg 和 125mg/kg 时，蛋鸡血清中 TG 显著降低。何邦平等（2002）报道，人体缺铜使血清 TG 浓度升高。

张苏江等（2000，2003）报道，在生长猪饲粮中以硫酸铜为铜源分别添加高铜（100mg/kg、150mg/kg、200mg/kg、250mg/kg、300mg/kg），其血清 TG 无显著变化。

本试验结果表明，日粮铜的添加水平对 TG 的影响表现为铜（8mg/kg）组浓度最低。说明高铜可以提高血清 TG 的浓度，而且 TG 的波动在正常范围内，这说明高铜能促进脂肪的吸收和代谢。但结论并不一致，有待进一步研究。

陈智毅等（2000）报道，黄血蚕中含有较高的维生素 A，可使小鼠血清 TG 明显降低。而本试验结果表明日粮维生素 A 的添加水平对 TG 的影响存在阶段性差异。前期为随着日粮中维生素 A 水平的增加，TG 浓度降低，与陈智毅结论一致。后期为随着日粮中维生素 A 水平的增加，TG 浓度有升高趋势。结论不统一，有待进一步研究。

从本试验铜与维生素 A 交互作用对血清 TG 的影响来看，前期后期均体现为高水平的维生素 A 与高剂量或低剂量的铜互作时都呈现降低血清 TG 的趋势。

3. 铜和维生素 A 及其互作效应对肉仔鸡血清 HDL 和 LDL 浓度（mmol/L）的影响

由表 5 - 13 可知，日粮铜的添加水平对前期 HDL 影响极显著（$P<0.01$），铜（8mg/kg）组浓度最低，与铜（225mg/kg）组差异不显著；对后期 HDL 影响不显著（$P>0.05$），铜（8mg/kg）组浓度最低。

表 5 - 13　铜与维生素 A 互作效应对血清高低密度脂蛋白（mmol/L）浓度的影响

添加水平			4 周龄		7 周龄	
Cu（mg/kg）	维生素 A（IU/kg）	n	高密度脂蛋白 HDL（mmol/L）	低密度脂蛋白 LDL（mmol/L）	高密度脂蛋白 HDL（mmol/L）	低密度脂蛋白 LDL（mmol/L）
0	1 500	4	2.09 ± 0.59bc	0.54 ± 0.02c	0.20 ± 0.05d	0.63 ± 0.05d
8	1 500	4	1.67 ± 0.28c	0.90 ± 0.52b	0.23 ± 0.02cd	0.85 ± 0.07c
150	1 500	4	3.39 ± 0.27a	1.27 ± 0.02b	0.34 ± 0.06bc	1.06 ± 0.12b
225	1 500	4	1.87 ± 0.13c	1.69 ± 0.30a	0.40 ± 0.07b	1.50 ± 0.04a
0	5 000	4	2.62 ± 0.73b	0.42 ± 0.04c	0.52 ± 0.06a	0.20 ± 0.04e
8	5 000	4	1.37 ± 0.10c	1.11 ± 0.08b	0.32 ± 0.15bcd	0.62 ± 0.12d

（续表）

添加水平			4 周龄		7 周龄	
Cu（mg/kg）	维生素 A（IU/kg）	n	高密度脂蛋白 HDL（mmol/L）	低密度脂蛋白 LDL（mmol/L）	高密度脂蛋白 HDL（mmol/L）	低密度脂蛋白 LDL（mmol/L）
150	5 000	4	2. 10 ± 0. 73bc	1. 18 ± 0. 30b	0. 22 ± 0. 08cd	0. 77 ± 0. 14c
225	5 000	4	1. 49 ± 0. 35c	0. 47 ± 0. 01c	0. 24 ± 0. 02cd	1. 08 ± 0. 11b
0		8	2. 35a	0. 48b	0. 36a	0. 41d
8		8	1. 52b	1. 00a	0. 27b	0. 74c
150		8	2. 74a	1. 22a	0. 28b	0. 92b
225		8	1. 68b	1. 08a	0. 32ab	1. 29a
	1 500	16	2. 25a	1. 10a	0. 29a	1. 01a
	5 000	16	1. 89b	0. 79b	0. 33a	0. 67b
P 值	Cu		0. 000 1	0. 000 1	0. 097 5	0. 000 1
	维生素 A		0. 038 0	0. 001 4	0. 216 3	0. 000 1
	Cu × 维生素 A		0. 006 6	0. 000 1	0. 000 1	0. 103 2

日粮维生素 A 的添加水平对前期 HDL 影响显著（$P < 0.05$），表现为随着日粮中维生素 A 水平的增加，HDL 浓度降低；对后期 HDL 影响不显著（$P > 0.05$），但随着日粮中维生素 A 水平的增加，HDL 浓度成升高趋势。

铜与维生素 A 交互作用对前后期 HDL 影响均极显著（$P < 0.01$）。前期 Cu（150mg/kg）× 维生素 A（1 500IU/kg）组最高，比 Cu（0mg/kg）× 维生素 A（5 000IU/kg）组和 Cu（8mg/kg）× 维生素 A（5 000IU/kg）组分别高出 29.39% 和 147.4%；后期 Cu（0mg/kg）× 维生素 A（5 000IU/kg）组最高，比 Cu（225mg/kg）× 维生素 A（1 500IU/kg）组和 Cu（0mg/kg）× 维生素 A（1 500IU/kg）组分别高出 30% 和 160%。

由表 5 - 13 可知，日粮铜的添加水平对前后期 LDL 浓度影响极显著（$P < 0.01$），均表现为铜（0mg/kg）组浓度最低，与其他组差异显著。

日粮维生素A的添加水平对前后期LDL浓度影响极显著（$P<0.01$），均表现为随着日粮中维生素A水平的增加，LDL浓度降低。

铜与维生素A交互作用对前期LDL浓度影响极显著（$P<0.01$），Cu（0mg/kg）×维生素A（5 000IU/kg）组最低，与Cu（0mg/kg）×维生素A（1 500IU/kg）组和Cu（225mg/kg）×维生素A（5 000IU/kg）组差异不显著；对后期LDL浓度影响不显著（$P>0.05$），Cu（8mg/kg）×维生素A（1 500IU/kg）组最低，与Cu（150mg/kg）×维生素A（5 000IU/kg）组差异不显著。

余顺祥等（2004）报道，高铜（250mg/kg）对猪血浆HDL无影响。李清宏等（2001，2004）报道，高剂量甘氨酸铜对断奶仔猪血清HDL无影响，但有降低LDL浓度的趋势。尹靖东等（2001）报道，铜显著升高了LDL水平。本试验结果与前人研究基本一致，即铜对肉仔鸡血清HDL浓度的影响不显著，但可显著提高LDL浓度。

日粮维生素A的添加水平对血清HDL和LDL浓度的影响尚未见到报道。在本试验中可以看出，维生素A对肉仔鸡血清HDL浓度的影响存在阶段性差异，前期日粮维生素A的添加水平与血清HDL的浓度呈负相关，后期则呈正相关；与肉仔鸡血清LDL的浓度呈负相关。

在本试验结果中可以看出，铜与维生素A交互作用对血清HDL和LDL浓度影响均存在阶段性差异。对血清HDL浓度的影响，前期主要表现为高水平铜和低剂量维生素A提高了血清HDL的浓度，即Cu（150mg/kg）×维生素A（1 500IU/kg）组浓度最高，而后期则表现为低水平铜和高剂量维生素A提高了血清HDL的浓度，即Cu（0mg/kg）×维生素A（5 000IU/kg）组浓度最高。对血清LDL浓度的影响，前期主要表现为低水平铜和高剂量维生素A降低了血清LDL的浓度，即Cu（0mg/kg）×维生素A（5 000IU/kg）组浓度最低，后期为低水平铜和低剂量维生素A降低了血清LDL的浓度，即Cu（8mg/kg）×维生素A（1 500IU/kg）组最低。

4. 铜和维生素 A 及其互作效应对肉仔鸡血液脂肪酶和十二指肠脂肪酶活性的影响

由表 5 – 14 可知，日粮铜的添加水平对前后期血液脂肪酶活性影响均极显著（$P < 0.01$），前期铜（0mg/kg）组最高；后期铜（150mg/kg）组最高，其他组差异不显著。

表 5 – 14　铜与维生素 A 互作效应对血液脂肪酶活力（U/L）和十二指肠脂肪酶活力（U/gprot）的影响

添加水平			4 周龄		7 周龄	
Cu（mg/kg）	维生素 A（IU/kg）	n	血液脂肪酶（U/L）	十二指肠脂肪酶（U/gprot）	血液脂肪酶（U/L）	十二指肠脂肪酶（U/gprot）
0	1 500	4	277. 19 ± 3. 33a	169. 31 ± 21. 78c	46. 88 ± 1. 67b	79. 24 ± 7. 73b
8	1 500	4	40. 77 ± 3. 07d	298. 55 ± 60bc	52. 99 ± 6. 65b	60. 04 ± 12. 33b
150	1 500	4	55. 71 ± 2. 14cd	157. 60 ± 19. 31c	175. 29 ± 23. 30a	168. 37 ± 4. 34a
225	1 500	4	59. 11 ± 4. 99cd	623. 16 ± 57. 23a	65. 22 ± 1. 33b	175. 61 ± 1. 42a
0	5 000	4	48. 92 ± 3. 33cd	362. 97 ± 27. 38b	61. 14 ± 2. 45b	101. 37 ± 27. 19ab
8	5 000	4	71. 34 ± 1. 35c	291. 05 ± 53c	66. 24 ± 2. 58b	108. 93 ± 7. 37ab
150	5 000	4	139. 95 ± 25. 42b	184. 65 ± 5. 66c	46. 88 ± 8. 32b	121. 98 ± 55. 22ab
225	5 000	4	126. 88 ± 7. 07b	169. 46 ± 2. 66c	71. 34 ± 1. 83b	139. 43 ± 10. 55ab
0		8	163. 05a	266. 14bc	54. 01b	69. 64b
8		8	56. 05c	294. 80ab	59. 62b	105. 15ab
150		8	97. 83b	171. 12c	111. 08a	145. 17a
225		8	92. 99b	396. 31a	68. 28b	157. 52a
	1 500	16	108. 19a	312. 15a	85. 09a	131. 15a
	5 000	16	96. 77b	252. 03a	61. 40b	107. 59a
P 值	Cu		0. 000 1	0. 002 4	0. 000 1	0. 008 0
	维生素 A		0. 070 2	0. 113 3	0. 000 2	0. 201 3
	Cu × 维生素 A		0. 000 1	0. 000 1	0. 000 1	0. 731 7

日粮维生素 A 的添加水平对前期血液脂肪酶活性影响不显著（$P > 0.05$），但随着日粮中维生素 A 水平的增加，血液脂肪酶活性有下降趋势；对后期血液脂肪酶活性影响极显著（$P < 0.01$），随着日粮中维生素 A 水平的增加，血液脂肪酶活性也呈下降趋势。

铜与维生素 A 交互作用对前后期血液脂肪酶活性的影响均极显著（$P < 0.01$）。前期 Cu（0mg/kg）×维生素 A（1 500IU/kg）组最高，与其他组差异显著；后期 Cu（150mg/kg）×维生素 A（1 500IU/kg）组最高，比 Cu（0mg/kg）×维生素 A（1 500IU/kg）组提高 73.26%。

由表 5-14 可知，日粮铜的添加水平对前后期十二指肠脂肪酶活性影响极显著（$P < 0.01$），均表现为铜（225mg/kg）组最高，但与铜（8mg/kg）组差异不显著。

日粮维生素 A 的添加水平对前后期十二指肠脂肪酶活性影响不显著（$P > 0.05$），均表现为随着日粮中维生素 A 水平的增加，十二指肠脂肪酶活性有下降趋势。

铜与维生素 A 交互作用对前期十二指肠脂肪酶活性的影响极显著（$P < 0.01$），Cu（225mg/kg）×维生素 A（1 500IU/kg）组最高，比 Cu（8mg/kg）×维生素 A（1 500IU/kg）组和 Cu（0mg/kg）×维生素 A（1 500IU/kg）组分别提高 108.7% 和 268.1%；对后期影响不显著。

由胰腺合成和分泌的脂肪酶在胆盐的协同作用下使脂肪分解，提高脂肪的利用率。有试验报道饲料中添加硫酸铜可显著提高仔猪十二指肠内容物脂肪酶活性。余斌等（2002）在试验中观察到仔猪日粮中添加硫酸铜组其十二指肠内容物脂肪酶活性显著高于对照组（$P < 0.05$），而添加不同水平赖氨酸铜组与对照组比虽有不同程度提高，但差异不显著（$P > 0.05$）。铜是机体中多种酶不可缺少的组成部分和许多酶的辅助因子，如△9 去饱和脂肪酶、细胞色素和细胞色素氧化酶等。前者的作用是将长链饱和脂肪酸去饱和，有助于脂肪的消化，后者能促进磷脂的合成，而磷脂是脂肪吸收过程中不可缺少的物质。还有研究表明，26 日龄断奶仔猪在断奶后14 ~ 26 天内不能有效利用日粮中的脂肪（分别含 5mg/kg 铜和 15mg/kg 铜），但添加 250mg/kg 铜能提高日粮脂肪消化率，使仔猪小肠中脂肪酶活性升高。占秀安等（2004）研究指出，从消化试验结果看，高铜并不影响日粮中干物质和粗蛋白的消化率，但显著提高了饲粮中粗脂肪的消化率，还显著增强小肠中脂肪酶的活性。饲粮脂肪消化率的提高可增加必需脂肪酸和脂溶性维生素的吸收，并影响体内营养代谢的其他方面。冷向军等（2001）研究表明，断奶仔猪日粮中添加高铜（250mg/kg）提高了十二指肠内容物脂肪酶活性（$P < 0.05$），由于脂肪酶活性的提高，脂肪消化率也有提高（$P < 0.05$）。

本次试验中高剂量的铜提高十二指肠脂肪酶的活性，可能与铜是脂肪酶的组成部分或是其辅助成分有关。但低剂量的铜提高血液脂肪酶的活性，尚未见到有关报道，有待于进一步研究。

本试验结果显示，日粮中添加维生素A降低脂肪酶的活性，尚未见到有关报道，有待于进一步研究。

有关铜与维生素A互作效应对脂肪酶活性的影响，在本试验结果中可以看出，铜与维生素A在提高十二指肠脂肪酶活性和降低血液脂肪酶活性方面，均有协同作用。

（三）铜、维生素A及其互作效应对蛋白代谢的影响

1. 铜和维生素A及其互作效应对肉仔鸡血清 SUN 浓度（mg/dL）的影响

由表 5 – 15 可知，铜对前期 SUN 浓度影响极显著（$P < 0.01$），随着铜水平的升高而升高，铜（0mg/kg）组最低，比铜（8mg/kg）组、铜（150mg/kg）组和铜（225mg/kg）组分别降低 16.79%、24.50% 和 29.63%；对后期影响不显著（$P > 0.05$）。

表 5 –15　铜与维生素 A 互作效应对血尿素氮（SUN）和总蛋白（TP）浓度的影响

添加水平			4 周龄		7 周龄	
Cu（mg/kg）	维生素 A（IU/kg）	n	SUN（mg/dL）	TP（g/dL）	SUN（mg/dL）	TP（g/dL）
0	1 500	4	1.19 ± 0.24d	0.70 ± 0.17e	2.15 ± 0.62ab	1.40 ± 0.38bc
8	1 500	4	1.60 ± 0.25b	1.50 ± 0.32cd	1.94 ± 0.56b	0.74 ± 0.08c
150	1 500	4	1.50 ± 0.23b	2.02 ± 0.71abc	2.53 ± 0.38a	2.06 ± 0.64b
225	1 500	4	1.30 ± 0.15c	1.97 ± 0.32bcd	2.51 ± 0.14a	1.98 ± 1.06b
0	5 000	4	1.08 ± 0.06d	2.57 ± 0.32a	0.50 ± 0.12c	2.80 ± 0.42a
8	5 000	4	1.14 ± 0.14d	2.54 ± 0.39ab	0.32 ± 0.25c	1.76 ± 0.17b
150	5 000	4	1.52 ± 0.18b	1.40 ± 0.34d	0.15 ± 0.02c	1.79 ± 0.13b
225	5 000	4	1.94 ± 0.26a	1.47 ± 0.19cd	0.14 ± 0.01c	1.35 ± 0.16bc
0		8	1.14b	1.64a	1.32a	2.10a
8		8	1.37b	2.02a	1.13a	1.25b
150		8	1.51a	1.71a	1.34a	1.92a
225		8	1.62a	1.72a	1.32a	1.67ab
	1 500	16	1.50a	1.55b	2.28a	1.55b
	5 000	16	0.88b	2.00a	0.27b	1.92a
P 值	Cu		0.000 1	0.213 2	0.583 2	0.011 7
	维生素 A		0.000 1	0.002 6	0.000 1	0.039 4
	Cu × 维生素 A		0.003 1	0.000 1	0.054 0	0.000 7

维生素 A 对前后期 SUN 浓度影响极显著（$P < 0.01$），均为随着维生素 A 水平的增加，SUN 浓度降低。前期降低 41.33%，后期降低 88.16%。

铜与维生素 A 交互作用对前期 SUN 浓度影响极显著（$P < 0.01$），Cu（0mg/kg）×维生素 A（5 000IU/kg）组最低，与 Cu（0mg/kg）×维生素 A（1 500IU/kg）组和 Cu（8mg/kg）×维生素 A（5 000IU/kg）组差异不显著，但比 Cu（225mg/kg）×维生素 A（1 500IU/kg）组降低 16.92%，比 Cu（150mg/kg）×维生素 A（5 000IU/kg）组、Cu（150mg/kg）×维生素 A（1 500IU/kg）组和 Cu（8mg/kg）×维生素 A（1 500IU/kg）组降低约 30%，比 Cu（225mg/kg）×维生素 A（5 000IU/kg）组降低 44.33%。

血液中的尿素是通过鸟氨酸循环合成，是蛋白质分解的最终产物，也是反映蛋白质代谢的重要指标。这说明血清 SUN 与蛋白质代谢有密切关系，通常认为血清 SUN 浓度降低意味着蛋白质沉积增加。在日粮蛋白质含量稳定的情况下，血清 SUN 下降是由于蛋白质利用效率增加的结果。

张苏江等（2003）报道，当饲粮中分别添加 200 和 250mg/kg 铜时，猪的 SUN 浓度分别降低 8.7% 和 8.4%。李清宏等（2001，2004）报道，断奶仔猪日粮中添加高剂量的甘氨酸铜（250mg/kg）有降低 SUN 浓度的趋势。吴新民等（1996）报道，饲粮中添加 240mg/kg 铜使血清 SUN 含量下降，但国外对此研究的结果很少一致。本试验也得出相反的结论，低铜组（0mg/kg）的 SUN 浓度最低，即高剂量铜的添加对血清 SUN 浓度未产生显著降低的影响。产生这一现象的原因可能与饲喂高剂量铜饲粮时间的长短有关。随着时间的延长，铜在肝细胞中的蓄积量越来越大，对肝细胞的功能渐渐产生了不利影响，从而导致蛋白质的合成逐渐减慢，氨基酸的分解逐渐增加，血中 SUN 的浓度变化不明显。

阎熙丰等（1994）报道，维生素 A 可以降低兔 SUN 的浓度，从本试验结果中看也可得出此结论，即维生素 A 可降低 SUN 的浓度，有利于蛋白质合成代谢。但是，蒋国文等（1998）报道，维生素 A 显著影响了肉仔鸡肝脏的功能，使 SUN 的浓度显著增加。导致结论不一致可能与实验季节、温度及其他环境条件有关，有待进一步研究。

从铜与维生素 A 交互作用方面看，前期为 Cu（0mg/kg）×维生素 A（5 000IU/kg）组 SUN 浓度最低，后期为 Cn（225mg/kg）×维生素 A（5 000IU/kg）组 SUN 浓度最低，也体现了铜与维生素 A 在降低 SUN 浓度方面有互相促进的作用。

2. 铜和维生素 A 及其互作效应对肉仔鸡血清 TP 浓度（g/dL）的影响

由表 5 - 15 可知，铜对前期 TP 浓度影响不显著（$P > 0.05$），但铜（8mg/kg）组 TP 浓度最高；对后期影响显著（$P < 0.05$），铜（0mg/kg）

组浓度最高。

维生素 A 对前期 TP 浓度影响极显著（$P < 0.01$），随着维生素 A 水平的增加 TP 浓度增加。

铜与维生素 A 交互作用对前后期 TP 浓度影响显著（$P < 0.01$），均为 Cu（0mg/kg）×维生素 A（5 000IU/kg）组最高。

提高血清 TP 的含量，可以促进动物体内蛋白质的合成，提高氮的利用率。张苏江等（2003）报道，当饲粮中分别添加 200mg/kg 和 250mg/kg 铜时，TP 浓度均明显提高。滑静等（2003）报道，蛋鸡日粮中分别添加柠檬酸铜 30mg/kg、60mg/kg、125mg/kg 时，其 TP 浓度均显著升高。但是，李清宏等（2001，2004）均报道，断奶仔猪日粮中添加高剂量的甘氨酸铜（250mg/kg）有降低 TP 浓度的趋势。这与本试验结果一致，表明低剂量的铜对鸡体内蛋白质的合成有促进作用。

夏兆飞等（2004）报道，高剂量（450 000IU/kg）维生素 A 后期显著降低肉仔鸡 TP 的浓度。蒋国文等（1998）报道，维生素 A 显著影响了肉仔鸡肝脏的功能，使 TP 的浓度显著增加。本试验结果与蒋国文报道一致，可能是因为高剂量（5 000IU/kg）的维生素 A 改善了肉仔鸡的肝脏功能，与夏兆飞结论不一致，可能与添加剂量有关，有待进一步缩小维生素 A 的添加量再进行研究。

铜与维生素 A 交互作用对 TP 浓度的影响，前后期均为 Cu（0mg/kg）×维生素 A（5 000IU/kg）组最高，又更加深刻的表现了二者的促进作用。

3. 铜和维生素 A 及其互作效应对肉仔鸡血清 GOT 和 GPT 活力（卡门氏单位）的影响

由表 5 - 16 可知，铜对前后期 GOT 活性影响均极显著（$P < 0.01$），前期铜（0mg/kg）组最高，比铜（8mg/kg）组、铜（150mg/kg）组和铜（225mg/kg）组分别提高 35.32%、45.02% 和 47.97%；后期铜（0mg/kg）组最高，比铜（8mg/kg）组、铜（150mg/kg）组和铜（225mg/kg）组分

别提高 6.40%、2.42% 和 37.39%。

表 5 -16　铜与维生素 A 互作效应对谷草转氨酶和谷丙转氨酶活力的影响

添加水平			4 周龄		7 周龄	
Cu (mg/kg)	维生素 A (IU/ kg)	n	谷草转氨酶 (卡门氏单位) AST/GOT	谷丙转氨酶 (卡门氏单位) ALT/GPT	谷草转氨酶 (卡门氏单位) AST/GOT	谷丙转氨酶 (卡门氏单位) ALT/GPT
0	1 500	4	76.50 ±6.95c	19.50 ±0.58a	85.00 ±4.55a	19.50 ±1.29a
8	1 500	4	51.00 ±6.53d	10.50 ±0.58c	74.25 ±7.89b	14.50 ±1.29b
150	1 500	4	41.00 ±0.82e	14.33 ±3.30b	89.00 ±12.14a	12.00 ±4.55b
225	1 500	4	49.50 ±2.89d	11.00 ±1.15c	67.50 ±5.00b	10.50 ±1.29b
0	5 000	4	105.50 ±1.29a	7.00 ±1.15d	73.00 ±4.08b	13.50 ±5.80b
8	5 000	4	83.50 ±2.08b	11.25 ±4.27c	74.25 ±7.59b	11.50 ±0.58b
150	5 000	4	84.50 ±5.32b	7.00 ±1.15d	65.25 ±4.65b	11.00 ±2.45b
225	5 000	4	73.50 ±2.08c	8.50 ±0.58cd	47.50 ±.5.45c	10.50 ±1.29b
0		8	91.00a	13.25a	79.00a	16.50a
8		8	67.25b	10.88b	74.25b	13.00b
150		8	62.75c	10.66b	77.13ab	11.50b
225		8	61.50c	9.75b	57.50c	10.50b
	1 500	16	54.50b	13.83a	81.44a	14.13a
	5 000	16	86.75a	8.44b	65.00b	11.63b
P 值	Cu		0.000 1	0.016 3	0.000 1	0.002 1
	维生素 A		0.000 1	0.000 1	0.000 1	0.022 6
	Cu×维生素 A		0.000 8	0.000 1	0.000 5	0.201 4

维生素 A 对前后期 GOT 活性影响极显著（$P < 0.01$），前期随维生素 A 的增加而升高；后期则相反。

铜与维生素 A 交互作用对前后期 GOT 影响均极显著（$P < 0.01$）。前期 Cu（0mg/kg）×维生素 A（5 000IU/kg）组最高；后期 Cu（150mg/kg）×维生素 A（1 500IU/kg）组最高，与 Cu（0mg/kg）×维生素 A（1 500IU/kg）组差异不显著。

由表 5 -16 可知，铜对前期 GPT 活力影响显著（$P < 0.05$），随着日粮中

铜水平的增加，GPT 活力降低，铜（0mg/kg）组活力最高，比铜（8mg/kg）组、铜（150mg/kg）组和铜（225mg/kg）组分别提高 21.78%、24.30% 和 27.22%。对后期影响极显著（$P < 0.01$），仍然为铜（0mg/kg）组最高，比铜（8mg/kg）组、铜（150mg/kg）组和铜（225mg/kg）组分别提高 26.92%、43.48% 和 57.14%。维生素 A 对前后期 GPT 活力影响显著（$P < 0.05$），均为维生素 A（1 500IU/kg）组高，维生素 A（5 000IU/kg）组低。铜与维生素 A 交互作用对前期 GPT 影响极显著（$P < 0.01$），Cu（0mg/kg）×维生素 A（1 500IU/kg）组最高；对后期影响不显著（$P > 0.05$），但 Cu（0mg/kg）×维生素 A（1 500IU/kg）组仍为最高。

GOT 和 GPT 是广泛存在与动物组织细胞线粒体中的重要的氨基转移酶，在机体蛋白质代谢中起着重要的作用。脊椎动物在正常情况下，组织细胞内转氨酶活性较高，而血清中转氨酶活力较小。当组织病变而引起细胞膜通透性增加，组织转氨酶则大量释放进入血浆。提高 GPT 活力，可以提高肝脏合成蛋白质的能力。

毕小云等（2004）报道，羚牛血清铜水平与 GOT 和 GPT 的活力呈负相关。这与本试验结论一致，即日粮中低剂量的铜水平有助于提高 GOT 和 GPT 的活力。

蒋国文等（1998）报道，维生素 A 显著影响了肉仔鸡肝脏的功能，使 GOT 和 GPT 的活性显著增加。夏兆飞等（2004）报道，高剂量（450 000IU/kg）维生素 A 后期显著升高了 GPT 的活性，GOT 的活性随日粮维生素 A 浓度的增加而升高。Hazzard 等（1964）报道，给小公牛口服大量维生素 A 以后，引起血清中 GOT 和 GPT 的活力升高。而本试验结果表明，维生素 A 对血清 GOT 和 GPT 活力的影响具有阶段性差异。与前人的研究不一致，需进一步研究。

至于铜与维生素 A 交互作用对 GOT 和 GPT 的活力的影响，主要体现在低铜组（0mg/kg）与低维生素 A 组（1 500IU/kg）互作时有助于提高

GOT 和 GPT 的活力。

第八节　铜和维生素 A 及其交互作用对肉仔鸡肠道菌群及肠道结构的影响

一、指标测定

切片为常规石蜡切片，采用苏木精—伊红（HE）染色，在显微镜下用测微尺测量各肠段肠壁厚度和绒毛长度。

接目测微尺每一格微米数 = 测微公尺（接物尺）重合格数/接目尺重合格数 × 10μm

称量放有盲肠内容物的灭菌小瓶总重量，计算其中内容物的重量，用生理盐水 10 倍稀释，用振荡器充分混匀后，再 10 倍梯度稀释，取 50μL 平板计数。接种于 4 种培养基：麦康凯琼脂培养基、SS 琼脂培养基、MRS 培养基和 PTYG 培养基，分别用于培养大肠杆菌、沙门氏菌、乳酸杆菌和双歧杆菌。大肠杆菌和沙门氏菌在 37℃ 需氧培养 24h，乳酸杆菌和双歧杆菌用厌氧方法在 37℃ 恒温培养箱中培养 48h。根据盲肠内容物的稀释倍数和平板中的菌落数，计算出每克盲肠内容物中含有的细菌数量（为方便统计，最终取所得数以 10 为底的对数：LgM）。

CuZn-SOD 活性和 CAT 活性采用南京建成生物工程研究所生产的试剂盒。

二、结果与分析

1. 铜和维生素 A 及其互作效应对小肠各段肠壁厚度和绒毛长度的影响

由表 5 - 17 可知，日粮铜添加水平对前期十二指肠、空肠肠壁厚度影响均不显著（$P > 0.05$），而对回肠肠壁厚度影响极显著（$P < 0.01$），且

表 5-17 Cu 和维生素 A 及其互作对肉仔鸡小肠肠壁厚度 (μm) 的影响

添加水平		n	0~4 周龄			5~7 周龄		
Cu (mg/kg)	维生素 A (IU/kg)		十二指肠	空肠	回肠	十二指肠	空肠	回肠
0	1 500	4	211.46±51.30abc	227.78±10.39a	200.00±11.79b	264.58±14.23ab	266.67±18.00a	210.42±17.18bc
8	1 500	4	219.79±28.18abc	233.33±24.53a	266.67±41.39a	252.60±18.11b	250.00±29.67ab	233.33±11.79b
150	1 500	4	256.25±23.94a	229.17±19.83a	197.22±10.39bc	231.25±46.34b	227.08±18.48b	197.92±42.15bc
225	1 500	4	227.09±30.71ab	238.89±10.93a	177.08±18.48bc	264.58±29.95ab	230.56±14.16b	181.25±20.83c
0	5 000	4	193.75±38.72bc	172.92±10.49b	166.67±27.22bc	294.44±25.76a	225.00±44.62b	277.78±14.17a
8	5 000	4	172.92±20.83c	179.17±48.35b	160.42±36.88cd	239.59±26.68b	225.00±6.80b	231.25±17.18b
150	5 000	4	183.34±15.21bc	141.67±34.02b	127.08±14.23d	254.17±10.76ab	186.11±17.12c	200.00±54.01bc
225	5 000	4	187.50±22.05bc	139.58±32.18b	125.00±11.79d	269.45±3.93ab	258.34±9.62ab	225.00±11.79bc
0		8	202.61a	200.35a	183.33b	279.51a	245.83a	244.10a
8		8	196.35a	206.25a	213.54a	246.09b	237.50a	232.29a
150		8	219.79a	185.42a	162.15bc	242.71b	206.60b	198.96b
225		8	207.29a	189.24a	151.04c	267.02ab	244.45a	203.13b
	1 500	16	228.65a	232.29a	210.24a	253.25a	243.58a	205.73b
	5 000	16	184.37b	158.33b	144.79b	264.41a	223.61b	233.51a
P 值 Cu			0.490 4	0.401 2	0.000 2	0.022 1	0.006 7	0.007 7
维生素 A			0.000 4	0.000 1	0.000 1	0.222 6	0.020 8	0.009 4
Cu×维生素 A			0.371 5	0.255 3	0.039 1	0.342 8	0.017 3	0.055 5

以 Cu（225mg/kg）组肠壁厚度最薄；铜对后期十二指肠肠壁厚度影响显著（$P < 0.05$），对后期空肠和回肠肠壁厚度影响极显著（$P < 0.01$），随着铜添加水平的增加，肠壁厚度逐渐减小，但当铜增加到 225mg/kg 时，肠壁厚度又增加，十二指肠、空肠和回肠均以 Cu（150mg/kg）组肠壁最薄。

日粮维生素 A 添加水平对前期小肠各段肠壁厚度影响均极显著（$P < 0.01$），维生素 A（5 000IU/kg）组肠壁厚度明显低于维生素 A（1 500IU/kg）组；对后期空肠和回肠肠壁厚度影响显著（$P < 0.05$，$P < 0.01$），空肠以维生素 A（5 000IU/kg）组明显较低，回肠以维生素 A（1 500IU/kg）较低。

互作效应对前期回肠肠壁厚度影响显著（$P < 0.05$），Cu（225mg/kg）×维生素 A（5 000IU/kg）组肠壁厚度最低，但与 Cu（150mg/kg）×维生素 A（5 000IU/kg）组差异不显著；对后期空肠肠壁厚度影响显著（$P < 0.05$），Cu（150mg/kg）×维生素 A（5 000IU/kg）组肠壁厚度最低。

由表 5 – 18 可知，日粮铜添加水平对前期十二指肠和回肠绒毛长度影响极显著（$P < 0.01$），对空肠绒毛长度影响显著（$P < 0.05$），十二指肠以 Cu（225mg/kg）组绒毛最长，但与 Cu（0mg/kg）组和 Cu（8mg/kg）组差异不显著，空肠和回肠均以 Cu（0mg/kg）组绒毛较长；铜对后期十二指肠和空肠绒毛长度影响不显著（$P > 0.05$），对回肠绒毛长度影响极显著（$P < 0.01$），且 Cu（225mg/kg）组绒毛较长，但与 Cu（8mg/kg）组差异不显著。

日粮维生素 A 添加水平对前期小肠各段绒毛长度影响均极显著（$P < 0.01$），十二指肠以维生素 A（5 000IU/kg）组绒毛较长，而空肠和回肠均以维生素 A（1 500IU/kg）组绒毛较长。维生素 A 对后期小肠各段绒毛长度影响均不显著（$P > 0.05$）。

表 5-18　Cu 和维生素 A 及其互作对肉仔鸡小肠绒毛长度（μm）的影响

添加水平 Cu (mg/kg)	维生素 A (IU/kg)	n	0~4 周龄 十二指肠	空肠	回肠	5~7 周龄 十二指肠	空肠	回肠
0	1 500	4	956.67±22.48c	1 231.67±43.65a	1 031.25±81.59a	1 260.00±54.92b	1 237.50±55.15ab	951.25±90.59cd
8	1 500	4	1 103.75±122.43b	1 001.67±41.90bc	893.75±107.34bc	1 238.75±140.68b	1 161.25±177.55ab	1 118.33±39.23ab
150	1 500	4	683.33±42.88d	1 131.25±202.54ab	971.67±33.25ab	1 116.67±49.89b	1 322.50±99.54a	1 043.75±55.43bc
225	1 500	4	1 162.50±135.98ab	1 033.75±143.84bc	882.50±111.99bc	1 243.33±210.33b	1 213.75±147.56ab	1 033.75±41.71bc
0	5 000	4	1 278.75±46.61a	1 036.25±166.65bc	948.33±96.81ab	1 301.67±166.65b	1 202.50±10.21ab	1 042.50±74.44bc
8	5 000	4	1 135.00±55.23ab	973.33±75.54bc	771.67±34.72cd	1 156.25±127.04ab	1 318.75±123.45a	1 046.67±130.98bc
150	5 000	4	1 220.00±147.65ab	956.25±64.08bc	772.50±36.54cd	1 546.67±166.05a	1 121.67±33.00b	835.00±141.48d
225	5 000	4	1 131.25±91.96ab	895.00±49.50c	696.67±73.64d	1 175.00±96.52b	1 185.00±70.36ab	1 215.00±68.19a
0		8	1 117.71a	1 133.96a	989.79a	1 280.83a	1 220.00a	996.88bc
8		8	1 119.38a	987.50b	832.71b	1 197.50a	1 240.00a	1 082.50ab
150		8	951.67b	1 043.75ab	872.08b	1 331.67a	1 222.08a	939.38c
225		8	1 146.88a	964.38b	789.58b	1 209.17a	1 199.38a	1 124.38a
	1 500	16	976.56b	1 099.58a	944.79a	1 214.69a	1 233.75a	1 036.77a
	5 000	16	1 191.25a	965.21b	797.29b	1 294.90a	1 206.98a	1 034.79a
P 值 Cu			0.0014	0.0322	0.0002	0.1945	0.8941	0.0013
维生素 A			0.0001	0.0029	0.0001	0.1110	0.4764	0.9498
Cu×维生素 A			0.0001	0.4843	0.4168	0.0031	0.0208	0.0009

互作效应对前期十二指肠绒毛长度影响极显著（$P < 0.01$），且以 Cu（0mg/kg）×维生素 A（5 000IU/kg）组绒毛较长，对后期十二指肠和回肠绒毛长度影响极显著（$P < 0.01$），分别以 Cu（150mg/kg）×维生素 A（5 000IU/kg）组和 Cu（225mg/kg）×维生素 A（5 000IU/kg）组绒毛较长，对后期空肠绒毛长度影响显著（$P < 0.05$），且以 Cu（150mg/kg）×维生素 A（1 500IU/kg）组和 Cu（8mg/kg）×维生素 A（5 000IU/kg）组绒毛较长。

小肠是消化道内营养物质吸收和转运的主要部位，吸收的一种常见方式为简单扩散，其通路可能有 4 种：①通过上皮细胞膜；②通过小肠上皮的冲水管道，主要是小的水溶性物质；③通过细胞间不紧密的结合点，主要是水和小的电解质；④通过细胞挤压而出现的间隙，主要是一些大分子颗粒。可见肠壁变厚，会影响营养物质的吸收和转运，影响动物的生长速度。吸收是小肠绒毛的主要功能，小肠黏膜表面的绒毛极大地扩大了小肠的吸收面积，在绒毛的外周有一层柱状上皮细胞，只有成熟的绒毛细胞才具有养分吸收功能，而绒毛的高度与细胞数量呈显著正相关。因此绒毛高度亦可反映肠道的吸收能力。绒毛短时，成熟细胞少，养分吸收能力低。

有研究表明，铜的促生长作用与常见的抗生素的促生长作用相似。而许多研究已证实，抗生素可使鸡的肠壁重量减轻，肠壁变薄，肠壁绒毛变长。Shurson 等（1990）用含铜 16μg/kg、28μg/kg 的两种日粮饲喂仔猪，21 天后低铜组空肠绒毛高度为 375μm，高铜组为 446μm，说明高铜能够提高小肠绒毛高度。Radecki 等（1992）也做了类似实验，研究结果表明，小肠绒毛高度虽有增加，但差异不显著。

本试验研究表明，在肉仔鸡生长前期，高铜仅明显降低了回肠肠壁的厚度，在生长后期，Cu（150mg/kg）组和 Cu（225mg/kg）组小肠肠壁厚度明显较低，这可能与生长阶段有关；而肠道内绒毛并没有呈现与之一致的规律，在整个生长期，高铜并无明显提高绒毛长度的趋势，这与 Radecki

等（1992）的报道一致。关于肠壁变薄的原因，有人认为有可能是肠道微生物作用引起氨浓度降低的缘故。Visek（1978）认为氨是引起机体肠壁变厚的原因。因此，关于铜对肠壁组织结构的影响尚无定论，仍有待进一步研究。

鸡孵化后小肠发育很快，因此这个阶段需要充分的维生素 A 供应。肠道生长过程中，肠绒毛体积、隐窝深度和肠黏膜活力增加，这些变化初期是通过细胞增生达到，后期则是由于细胞肥大产生。肠道细胞快速生长和成熟期对维生素 A 缺乏十分敏感。低水平的维生素 A 对雏鸡肠道细胞的增殖和成熟过程产生影响。

本实验研究表明，在肉仔鸡生长前期，高水平维生素 A 明显降低了小肠各段肠壁厚度，提高了十二指肠绒毛长度；而在生长后期，高水平维生素 A 仅明显降低了空肠和回肠的肠壁厚度，对绒毛长度无显著影响。这可能是因为前期肠道细胞生长快速，需要较高水平的维生素 A。目前尚未见到有关此方面的报道。

生长前期，互作效应对回肠肠壁厚度影响显著（$P < 0.05$），对十二指肠绒毛长度影响极显著（$P < 0.01$）；生长后期，互作效应对空肠和回肠肠壁厚度影响显著（$P < 0.05$），对小肠各段绒毛长度影响均显著（$P < 0.05$）。这说明铜和维生素 A 间存在一定的交互作用，同时还可能与生长阶段有关。尚未见到铜与维生素 A 交互作用对肠壁组织结构影响的报道，有待进一步探讨。

2. 铜和维生素 A 及其互作效应对盲肠主要微生物的影响

由表 5 - 19 可知，对前后期盲肠内大肠杆菌数量的影响均极显著（$P < 0.01$），从 Cu（0mg/kg）、Cu（8mg/kg）到 Cu（150mg/kg），随着铜添加水平的增加，大肠杆菌数量呈明显降低，但当铜增加到 225mg/kg 时，大肠杆菌数又上升，明显高于其他组。日粮铜的添加水平对前后期盲肠内沙门氏菌数量的影响均极显著（$P < 0.01$），Cu（8mg/kg）组盲肠沙门氏

表 5-19 Cu 和维生素 A 及其互作对肉仔鸡盲肠肠道菌群（log10"/g 肠内容物）的影响

添加水平 Cu (mg/kg)	维生素 A (IU/kg)	n	0~4 周龄			5~7 周龄		
			大肠杆菌	沙门氏菌	乳酸杆菌	大肠杆菌	沙门氏菌	乳酸杆菌
0	1 500	4	6.51±0.05e	4.75±0.08b	7.70±0.10e	6.38±0.07e	5.08±0.06b	7.70±0.08f
8	1 500	4	6.67±0.05d	无	8.58±0.07b	6.47±0.08e	无	8.50±0.08d
150	1 500	4	6.05±0.06f	3.44±0.07e	7.90±0.07d	6.39±0.09e	3.82±0.08d	9.30±0.16a
225	1 500	4	7.58±0.06b	4.07±0.09d	6.32±0.12f	7.07±0.10c	4.29±0.06c	7.67±0.07f
0	5 000	4	7.41±0.08c	4.55±0.05c	8.09±0.11c	7.59±0.07b	3.80±0.06d	8.26±0.05e
8	5 000	4	6.51±0.12e	无	8.50±0.09b	6.94±0.07d	无	9.02±0.06b
150	5 000	4	6.73±0.13d	3.39±0.08e	9.23±0.07a	6.40±0.09e	3.02±0.04e	8.84±0.07c
225	5 000	4	7.86±0.06a	5.89±0.07a	7.78±0.07de	8.91±0.07a	5.30±0.08a	8.13±0.10e
0		8	6.96b	4.65b	7.89b	6.98b	4.44b	7.98c
8		8	6.59c	无	8.54a	6.71c	无	8.76b
150		8	6.39d	3.41c	8.55a	6.40d	3.42c	9.07a
225		8	7.72a	4.98a	7.05c	7.99a	4.79a	7.90c
	1 500	16	6.70b	4.09b	7.62b	6.58b	4.40a	8.30b
	5 000	16	7.13a	4.61a	8.40a	7.46a	4.04b	8.56a
P 值 Cu			0.000 1	0.000 1	0.000 1	0.000 1	0.000 1	0.000 1
维生素 A			0.000 1	0.000 1	0.000 1	0.000 1	0.000 1	0.000 1
Cu×维生素 A			0.000 1	0.000 1	0.000 1	0.000 1	0.000 1	0.000 1

菌数量最低，而 Cu（225mg/kg）组沙门氏菌数量最高。日粮铜的添加水平对前后期盲肠内乳酸杆菌数量的影响均极显著（$P < 0.01$），从 Cu（0mg/kg）、Cu（8mg/kg）到 Cu（150mg/kg），随着铜添加水平的增加，乳酸杆菌数量呈明显增加，但当铜增加到 225mg/kg 时，乳酸杆菌数量明显降低，且低于 Cu（0mg/kg）的数量。日粮铜的添加水平对前后期盲肠内双歧杆菌数量的影响均极显著（$P < 0.01$），前后期均以 Cu（8mg/kg）组双歧杆菌数最高，Cu（225mg/kg）组最低（表 5 - 20）。

乳酸杆菌和双歧杆菌是肠道重要的有益菌，它们在维持正常的肠道菌群平衡和保持畜禽健康方面起着重要作用。王根宇的研究认为，在基础日粮中添加 150mg/kg 的硫酸铜可使雏鸡盲肠中乳酸杆菌数量显著增加，并使大肠杆菌数量显著降低。本试验中 Cu（150mg/kg）组和 Cu（0mg/kg）组相比乳酸杆菌、双歧杆菌数量显著增加，大肠杆菌的数量也显著降低了，试验结果一致。有许多研究（Pupavac et al.，1996；Morgan et al.，1989；Ivandija，1990）认为高铜可降低大肠杆菌的数量。但是本试验当铜添加量为 225mg/kg 时，无论前期和后期，乳酸杆菌和双歧杆菌数量均突然下降，甚至低于 Cu（0mg/kg）组，而大肠杆菌的数量也突然上升并且高于 Cu（0mg/kg）组。也就是说，Cu 在浓度达到 225mg/kg 时，对肠道正常菌群的有益作用突然消失，甚至起了相反的作用。王艳华在猪上的试验也得出了和本次试验相似的结果：基础日粮中添加 240mg/kg 硫酸铜相比其他组腹泻率反而最高。此外，还有彭建、赵听红等也有类似的结果。因此，可以推测在鸡的日粮中有一个 Cu 添加量的临界值，这个临界值可能在 150～225mg/kg，低于这个临界值随着 Cu 的增加有益菌增加，大肠杆菌减少，高于这个临界值添加 Cu 则大肠杆菌增加，有益菌减少。

本试验中，盲肠沙门氏菌是进行人工感染的致病菌，从口腔灌注的沙门氏菌首先在肠道内进行繁殖，然后通过血液循环进入全身器官和组织，良好的饲养条件和机体抵抗力可使鸡白痢沙门氏菌在1~5日后被消灭，人工感染后的特定时间其数量的多少更客观地反映了机体的健康状况。盲肠由于其特殊生理特性（如蠕动缓慢，偏碱性pH值及总的消化酶缺乏等），使其成为沙门氏菌最易感染的部位。抵抗力强的鸡能更好地抑制沙门氏菌的进一步感染，从而把沙门氏菌的数量减至最少甚至消除。从结果看，无论前、后期，Cu（8mg/kg）组盲肠沙门氏菌数量最少，这提示我们日粮中添加8mg/kg的Cu可以使盲肠上皮细胞上黏附的沙门氏菌数量降至最少，从而降低鸡白痢沙门氏菌感染程度。

日粮维生素A的添加水平对前后期盲肠内大肠杆菌数量的影响均极显著（$P<0.01$），且均以维生素A（5 000IU/kg）组的大肠杆菌数明显高于维生素A（1 500IU/kg）组。日粮维生素A的添加水平对前后期盲肠内沙门氏菌数量的影响均极显著（$P<0.01$），前期维生素A（5 000IU/kg）组沙门氏菌数明显高于维生素A（1 500IU/kg）组，而后期维生素A（1 500IU/kg）组高于维生素A（5 000IU/kg）组。日粮维生素A的添加水平对前后期盲肠内乳酸杆菌数量的影响均极显著（$P<0.01$），均以维生素A（5 000IU/kg）组的乳酸杆菌数明显高于维生素A（1 500IU/kg）组。日粮维生素A的添加水平对前期盲肠内双歧杆菌数量的影响极显著（$P<0.01$），以维生素A（5 000IU/kg）组双歧杆菌数较高，对后期影响显著（$P<0.05$），以维生素A（1 500IU/kg）组双歧杆菌数较高。

本试验表明，维生素A添加水平可显著影响前后期盲肠乳酸杆菌、双歧杆菌、大肠杆菌和沙门氏菌的数量。前期维生素A（5 000IU/kg）组相比维生素A（1 500IU/kg）组增加了乳酸杆菌、双歧杆菌、大肠杆菌和沙门氏菌的数量，后期只有乳酸杆菌和大肠杆菌数量增加，双歧杆菌和沙门氏菌的数量均减少了。所以，从本试验结果看，日粮中添加5 000IU/kg的维生素A有利于肠道菌群的平衡。关于维生素A和肠道菌群的直接关系，相关报道并不多见。一般认为鸡孵化后小肠发育很快，这个阶段需要充分的维生素 A 供应,所以前期较为充足的维生素 A 可促进肠道上皮细胞的增殖和成熟,正常菌群可以更好地黏附,从而保持在肠道内的数量优势,但本试验中前期条件性致病菌大肠杆菌和致病菌沙门氏菌并没有因为有益菌大量繁殖的拮抗而减少,而是和有益菌同时增加,关于这个问题目前尚无法解释,有待进一步研究。

互作效应对前后期盲肠内大肠杆菌数量的影响均极显著($P < 0.01$),前后期均以 Cu(225mg/kg)×维生素 A(5 000IU/kg)组大肠杆菌数量最多,Cu(0mg/kg)×维生素 A(1 500IU/kg)组数量最少。互作效应对前后期盲肠内沙门氏菌数量的影响均极显著($P < 0.01$),前后期均以 Cu(225mg/kg)×维生素 A(5 000IU/kg)组沙门氏菌数量最多,Cu(8mg/kg)×维生素 A(1 500IU/kg)和 Cu(8mg/kg)×维生素 A(5 000IU/kg)组数量最少。互作效应对前后期盲肠内乳酸杆菌数量的影响均极显著($P < 0.01$),前期 Cu(150mg/kg)×维生素 A(5 000IU/kg)组乳酸杆菌数最高,后期 Cu(150mg/kg)×维生素 A(1 500IU/kg)组最高;前后期均为 Cu(225mg/kg)×维生素 A(1 500IU/kg)组数量最少。互作效应对前后期盲肠内双歧杆菌数量的影响均极显著($P < 0.01$),前期 Cu(150mg/kg)×维生素 A(5 000IU/kg)组双歧杆菌数最高,Cu(225mg/kg)×维生素 A(1 500IU/kg)组数量最少;后期 Cu(150mg/kg)×维生素 A(1 500IU/kg)组双歧杆菌数最高,Cu(225mg/kg)×维生素 A(5 000IU/kg)组双歧杆菌数最低(表 5 – 20)。

表 5 – 20　Cu 和维生素 A 及其互作对肉仔鸡盲肠肠道菌群($log10^n/g$ 肠内容物)的影响

添加水平			0 ~ 4 周龄	5 ~ 7 周龄
Cu(mg/kg)	维生素 A(IU/ kg)	n	双歧杆菌	双歧杆菌
0	1 500	4	7.73 ± 0.32d	7.70 ± 0.42de
8	1 500	4	8.63 ± 0.17b	8.97 ± 0.26a

（续表）

添加水平			0～4 周龄	5～7 周龄
Cu（mg/kg）	维生素 A（IU/kg）	n	双歧杆菌	双歧杆菌
150	1 500	4	7.98 ±0.10cd	9.27 ±0.43a
225	1 500	4	6.54 ±0.04e	7.89 ±0.17cd
0	5 000	4	8.22 ±0.25c	8.17 ±0.05bc
8	5 000	4	8.88 ±0.08a	8.90 ±0.02a
150	5 000	4	9.10 ±0.11a	8.47 ±0.04b
225	5 000	4	7.86 ±0.12d	7.48 ±0.07e
0		8	7.98c	7.94b
8		8	8.75a	8.94a
150		8	8.54b	8.87a
225		8	7.20d	7.69b
	1 500	16	7.72b	8.46a
	5 000	16	8.51a	8.25b
P 值	Cu		0.000 1	0.000 1
	维生素 A		0.000 1	0.026 6
	Cu×维生素 A		0.000 1	0.000 2

试验结果表明，Cu 和维生素 A 互作效应对前后期盲肠乳酸杆菌、双歧杆菌、大肠杆菌和沙门氏菌数量的影响均极显著（$P < 0.01$）；盲肠乳酸杆菌数量和双歧杆菌数量前期以 Cu（150mg/kg）×维生素 A（5 000IU/kg）组最高，后期 Cu（150mg/kg）×维生素 A（1 500IU/kg）组最高；盲肠大肠杆菌数量前后期均以 Gu（225mg/kg）×维生素 A（5 000IU/kg）组最高，Cu（0mg/kg）×维生素 A（1 500IU/kg）组最少；盲肠沙门氏菌数量前后期均以 Cu（225mg/kg）×维生素 A（5 000IU/kg）组最高，Cu（8mg/kg）×维生素 A（1 500IU/kg）和 Cu（8mg/kg）×维生素 A（5 000IU/kg）组数量最少。目前尚未见到 Cu 和维生素 A 互作对肠道微生物影响的报道，其机理仍有待进一步研究。

第九节　铜和维生素 A 及其互作效应对肉仔鸡抗氧化能力的影响

一、样品制备与指标测定方法

分别于 4 周龄末和 7 周龄末进行屠宰试验，屠宰前试鸡饥饿 24 h，以使胃肠道内容物排尽。每个重复屠宰 1 只，每个处理共屠宰 4 只，4 只全部为公鸡。屠宰前心脏采血制备血清，低温保存，待测有关指标。屠宰后取肝脏，用蒸馏水冲洗干净，低温保存，待测有关指标。

血清和肝脏中的总超氧化物歧化酶（T-SOD）、铜锌超氧化物歧化酶（CuZn-SOD）、一氧化氮合成酶（NOS）、总抗氧化能力（T-AOC）、谷胱甘肽过氧化物酶（GSH-Px）、铜蓝蛋白（CP）、丙二醛（MDA）、过氧化氢酶（CAT）和单胺氧化酶（MAO）的测定均采用试剂盒法，试剂盒由南京建成生物工程研究所提供。

二、结果与分析

1. 日粮不同铜与维生素 A 水平及其交互作用对血清中 T-SOD 活力的影响

由表 5 - 21 知，日粮不同铜水平对前期血清 T-SOD 活力影响极显著（$P < 0.01$），对后期血清 T-SOD 活力影响也显著（$P \approx 0.01$），随着日粮铜水平的升高，血清 T-SOD 活力有增强趋势，前后期均以 Cu（225mg/kg）组血清 T-SOD 活力最高。

日粮维生素 A 水平对前期血清 T-SOD 活力影响极显著（$P < 0.01$），以维生素 A（5 000IU/kg）组酶活力较高，而对后期血清 T-SOD 活力影响不显著（$P > 0.05$）。铜与维生素 A 交互作用对前期血清 T-SOD 活力影响显著（$P \approx 0.01$），对后期血清 T-SOD 活力影响不显著（$P > 0.05$）。

SOD 是能够有效清除超氧化物阴离子自由基的一类重要的抗氧化酶，SOD 催化超氧阴离子歧化为 H_2O_2 和 O_2，其速度比生理条件下自我歧化高 10^4 倍。

本试验表明，日粮铜的添加水平对前期血清 T-SOD 活力影响极显著（$P < 0.01$），对后期血清 T-SOD 活力影响也显著（$P \approx 0.01$），随着日粮铜水平的升高，血清 T-SOD 活力有增强趋势，前后期均以 Cu（225mg/kg）组血清 T-SOD 活力最高，这说明高铜可能提高了肉仔鸡血清中 T-SOD 的活力，从而提高了机体的抗氧化能力。此结果与武书庚（2001）、滑静（2003）研究结果相似。

本试验中日粮维生素 A 的添加水平对前期血清 T-SOD 酶活力影响显著（$P < 0.01$），以维生素 A（5 000IU/kg）组酶活力较高，而对后期血清 T-SOD 活力影响不显著（$P > 0.05$），但也是随着日粮维生素 A 的添加水平的增加，酶活力有所升高。这说明了维生素 A 能提高肉仔鸡血清 T-SOD 活力，从而提高其抗氧化能力。Halery 等已证实维生素 A 在体外实验中是一种有效的抗氧化和清除自由基的物质，李英哲（2001）研究结果进一步证明了维生素 A 在体内同样有上述作用。

维生素 A 增强机体抗氧化能力的可能机制是维生素 A 是一种脂溶性维生素容易进入细胞膜，而脂质过氧化反应最容易发生在细胞膜上，使细胞膜上的多不饱和脂肪酸产生自由基链式反应。另外，维生素 A 是一种不饱和一元醇，其侧链中含有 4 个双键，化学性质比较活泼，易被氧化。已知维生素 A 侧链中的双烯共轭键是发挥其生物学活性的必需结构，而分子中的双烯共轭键是单线态氧、羟自由基、脂质过氧自由基及有效的淬灭剂和捕捉剂，从而提高机体抗氧化力。

铜和维生素 A 交互作用对前期血清 T-SOD 酶活力影响显著（$P \approx 0.01$）。Cu（225mg/kg）×维生素 A（5 000IU/kg）组最高，但与 Cu（0mg/kg）×维生素 A（5 000IU/kg）组、Cu（8mg/kg）×维生素 A（5 000IU/kg）组

及 Cu（225mg/kg）× 维生素 A（1 500IU/kg）组之间差异不显著
（$P > 0.05$）。交互作用对后期血清 T-SOD 酶活力影响不显著（$P > 0.05$）。
这说明铜与维生素 A 互作效应可能在一定条件下存在，除受日粮铜和维生
素 A 水平影响外，可能还受试验动物日龄的影响，也可能受环境、动物本
身健康状况、饲料中其他营养素的影响。目前尚无铜与维生素 A 互作效应
对抗氧化能力的报道，应结合其他抗氧化酶进行更深一步探讨。

2. 日粮不同铜与维生素 A 水平及其交互作用对血清中 CuZn-SOD 活力
的影响

由表 5 - 21 知，日粮不同铜水平对前后期血清 CuZn-SOD 活力影响极
显著（$P < 0.01$），均以 Cu（8mg/kg）、Gu（225mg/kg）组酶活力较高。
日粮维生素 A 水平对前期血清 CuZn-SOD 活力影响极显著（$P < 0.01$），维
生素 A（5 000IU/kg）组酶活力高于维生素 A（1 500IU/kg）组，对后期血
清 CuZn-SOD 活力影响不显著（$P > 0.01$）。铜与维生素 A 交互作用对前后
期血清 CuZn-SOD 活力影响显著，前期 $P < 0.05$，后期 $P < 0.01$。

表 5 - 21　血清中 T-SOD 和 CuZn-SOD 活力

添加水平			4 周龄		7 周龄	
Cu (mg/kg)	维生素 A (IU/ kg)	n	血清 T-SOD 活力 (U/mL)	血清 CuZn-SOD 活力 (U/mL)	血清 T-SOD 活力 (U/mL)	血清 CuZn-SOD 活力 (U/mL)
0	1 500	4	100. 15 ± 5. 90c	101. 38 ± 36. 62c	86. 04 ± 4. 31b	42. 03 ± 9. 83d
8	1 500	4	125. 11 ± 13. 52b	143. 69 ± 3. 52b	129. 99 ± 15. 60ab	123. 22 ± 2. 19bc
150	1 500	4	145. 46 ± 15. 10ab	149. 57 ± 13. 93b	128. 05 ± 1. 91ab	97. 56 ± 36. 30c
225	1 500	4	162. 94 ± 17. 82a	134. 39 ± 28. 22b	157. 97 ± 19. 13a	173. 38 ± 10. 27a
0	5 000	4	152. 39 ± 5. 17a	144. 24 ± 15. 79b	106. 16 ± 41. 13ab	96. 90 ± 51. 71c
8	5 000	4	152. 20 ± 18. 98a	204. 19 ± 10. 37a	146. 19 ± 29. 42a	154. 64 ± 33. 74ab
150	5 000	4	146. 85 ± 12. 36ab	150. 32 ± 13. 37b	102. 44 ± 73. 41ab	35. 40 ± 13. 64d
225	5 000	4	167. 43 ± 27. 38a	179. 86 ± 13. 74a	152. 70 ± 36. 95a	152. 20 ± 24. 36ab
0		8	126. 27c	122. 81c	96. 10b	69. 46b
8		8	138. 65bc	173. 94a	138. 09	138. 93a

添加水平			4 周龄		7 周龄	
Cu （mg/kg）	维生素 A （IU/ kg）	n	血清 T-SOD 活力（U/mL）	血清 CuZn-SOD 活力（U/mL）	血清 T-SOD 活力（U/mL）	血清 CuZn-SOD 活力（U/mL）
150		8	146. 15b	149. 95b	115. 25ab	66. 48b
225		8	165. 18a	157. 13ab	152. 34a	162. 79a
	1 500	16	133. 41b	132. 26b	124. 01a	109. 05a
	5 000	16	154. 72a	169. 65a	126. 87a	109. 78a
P 值	Cu		0. 000 6	0. 000 3	0. 019 8	0. 000 1
	维生素 A		0. 001 0	0. 000 1	0. 820 6	0. 940 9
	Cu × 维生素 A		0. 014 1	0. 033 2	0. 565 5	0. 001 3

CuZn-SOD 广泛存在于动物组织中，是抗氧化代谢防御体系所必要的组成成分，CuZn-SOD 是抗自由基毒性的关键酶之一，此酶的活性是生长依赖性的（Chen et al.，2000；Lauridsen，1999），认为铜有助于改善组织抗氧化能力。本试验表明，日粮不同铜水平对前后期血清 CuZn-SOD 活力影响极显著（$P < 0.01$），均以 Cu（8mg/kg）、Cu（225mg/kg）组酶活力较高，说明适当的日粮铜水平和较高铜水平可提高 CuZn-SOD 活性，有效地清除体内的自由基，保证动物健康。

许多研究结果表明，当动物日粮缺铜时，可降低其许多组织中 CuZn-SOD 的活性，诱发类似于局部缺血心血管异常。因为缺铜诱发的心血管破坏可被抗氧化物降低，因此推测这可能是由于 CuZn-SOD 活性下降，导致活性氧自由基增多引起。刘向阳等（1998）的试验结果表明，当大鼠日粮缺铜（含铜 0.54 mg/kg）时，其肝脏中 CuZn-SOD 活性显著降低（$P < 0.01$）。张力等（1994）报道，猪日粮铜含量从 4.36mg/kg 上升到 125mg/kg 时，其血液 CuZn-SOD 活性提高了 40%。许梓荣等（2000）试验结果表明，猪日粮铜含量由 5mg/kg 提高到 240mg/kg 时，其肝脏中 CuZn-SOD 活性增加了 25.66%。马得莹（2003）报道，日粮缺铜可降低鼠肝脏 CuZn-SOD 活性及其基因表达水平，并认为日粮铜可调节肝脏

CuZn-SOD 的转录。

许多研究结果也表明，在一定范围内适当提高日粮铜水平可有效提高动物体组织中 CuZn-SOD 的活性，但 CuZn-SOD 活性并非随日粮铜水平增加而呈线性上升。张力等（1994）的试验结果表明，当日粮铜含量从 125mg/kg 提高到 250mg/kg 时，猪血液中 CuZn-SOD 活性下降了 9%。滑静等（2001）对产蛋鸡的研究表明，在日粮中添加 30mg/kg 硫酸铜时，CuZn-SOD 活性明显高于添加 0、6mg/kg、15mg/kg、60mg/kg、125mg/kg 组。另有报道，铜添加水平不同，肝脏、胸腺、脾脏和法氏囊中 CuZn-SOD 活性有显著差异，并随铜添加水平升高而升高，而以 0~11mg/kg 铜添加范围酶活性上升幅度大，超过 11mg/kg 的铜添加水平，酶活性上升趋缓。本试验结果均与上述报道类似。

本试验表明，维生素 A 添加量极显著影响前期血清 CuZn-SOD 活性（$P < 0.01$），且维生素 A（5 000IU/kg）组 CuZn-SOD 活性较高，对后期血清 CuZn-SOD 活性影响不显著（$P > 0.05$），但仍是维生素 A（5 000IU/kg）组 CuZn-SOD 活性稍高。此结果与索兰弟（2003）研究表明日粮维生素 A 的缺乏极显著地降低了血清 CuZn-SOD 活性。补加到 3 000IU/kg 或 6 000IU/kg 的维生素 A 后，CuZn-SOD 活性显著上升。张春善（2000）报道的日粮高水平维生素 A（8 800IU/kg）使酶活性显著增加的结果一致。

铜与维生素 A 交互作用对前后期血清 CuZn-SOD 活力影响显著，前期 $P < 0.05$，后期 $P < 0.01$。前期 Cu（8mg/kg）×维生素 A（5 000IU/kg）组酶活力最高，Cu（225mg/kg）×维生素 A（5 000IU/kg）组次之，后期 Cu（225mg/kg）×维生素 A（1 500IU/kg）组酶活力最高。可见铜与维生素 A 存在一定的互补作用，但未见二者互作对血清 CuZn-SOD 活性影响的报道，有关机理还有待进一步研究。

3. 日粮不同铜与维生素 A 水平及其交互作用对血清中 NOS 活力的影响

由表 5-22 可知，日粮不同铜水平对前期血清 NOS 活力影响极显著

（$P < 0.01$），以 Cu（0mg/kg）组酶活力较高，对后期血清 NOS 活力影响不显著（$P > 0.05$）。

表 5 – 22　血清中 NOS 活力和 T-AOC

添加水平			4 周龄		7 周龄	
Cu（mg/kg）	维生素 A（IU/ kg）	n	血清 NOS 活力（U/mL）	血清 T-AOC（单位/mL 血清）	血清 NOS 活力（U/mL）	血清 T-AOC 活（单位/mL 血清）
0	1 500	4	26.677 ±6.836b	21.953 ±2.719a	19.140 ±4.107c	13.628 ±5.984ab
8	1 500	4	23.408 ±0.635b	17.760 ±1.664ab	27.034 ±9.126abc	10.936 ±2.392b
150	1 500	4	24.522 ±3.724b	15.879 ±4.545bc	21.324 ±11.149bc	15.006 ±2.912ab
225	1 500	4	30.122 ±8.692b	11.593 ±4.771cd	34.385 ±2.063a	15.417 ±3.279ab
0	5 000	4	49.956 ±2.379a	10.668 ±4.630cd	21.603 ±10.128bc	18.747 ±6.231a
8	5 000	4	23.637 ±2.134b	17.390 ±4.073ab	31.344 ±4.615ab	16.609 ±2.218ab
150	5 000	4	26.948 ±2.205b	12.889 ±1.762bcd	30.359 ±7.586abc	10.422 ±1.284b
225	5 000	4	24.094 ±1.204b	8.833 ±2.701d	19.098 ±2.725c	15.324 ±2.552ab
0		8	38.317a	16.311a	20.372b	16.188a
8		8	23.522b	17.575a	29.189a	13.772a
150		8	25.735b	14.384a	25.842ab	12.714a
225		8	27.108b	10.213b	26.741ab	15.371a
	1 500	16	26.182b	16.796a	25.471a	13.747a
	5 000	16	31.159a	12.445b	25.601a	15.275a
P 值	Cu		0.000 1	0.002 3	0.123 7	0.270 8
	维生素 A		0.003 7	0.002 1	0.959 7	0.260 6
	Cu × 维生素 A		0.000 1	0.028 8	0.014 0	0.036 9

　　日粮维生素 A 水平对前期血清 NOS 活力影响显著（$P < 0.01$），维生素 A（5 000IU/kg）组酶活力较高，对后期血清 NOS 活力影响不显著（$P > 0.05$）。

　　铜与维生素 A 交互作用对前后期血清 NOS 活力影响显著，前期 $P < 0.01$，后期 $P \approx 0.01$。

　　一氧化氮合酶（NOS）是 NO 合成的限速酶，其活性与 NO 水平直接

相关。NOS 催化 L – 精氨酸分解生成一氧化氮（NO）和瓜氨酸。NO 是由
NOS 催化 L2 精氨酸而生成的体内的一种小分子自由基气体，是一种具有
广泛生理活性的物质。NO 极易透过生物膜，是细胞之间、细胞内的信使
分子，作为高级生物体调节的第二信使和神经递质，在循环、呼吸、消化
及内分泌代谢等系统，发挥着重要作用。体内 NO 合成不足，必然引起许
多生理功能的异常或丧失，导致多种疾病的发生，但是机体内源性 NO 生
成过多会对组织细胞产生细胞毒害作用，是许多疾病的病因或重要促进因
素。因此正常的 NO 水平或 NOS 水平是机体健康的重要保证。

本试验表明日粮铜的添加水平对前期血清 NOS 活力影响极显著
（$P < 0.01$），以 Cu（0mg/kg）组酶活力较高，说明基础日粮中不再添加铜
也能保持较高的 NOS 活力，高铜反而抑制了 NOS 的活力。对后期血清
NOS 活力影响不显著（$P > 0.05$），说明铜对血清 NOS 活性的影响和动物
的生长阶段有关。目前尚未见到有关报道，其机理还有待研究。

日粮维生素 A 的添加水平对前期血清 NOS 活力影响显著（$P < 0.01$），
维生素 A（5 000IU/kg）组酶活力较高，说明高水平的维生素 A 可提高血
清 NOS 活性。对后期血清 NOS 活力影响不显著（$P > 0.05$），维生素 A 对
血清 NOS 活力的影响也存在阶段性，和铜类似，都是对幼龄动物有影响。

铜与维生素 A 交互作用对前后期血清 NOS 活力影响显著，前期
$P < 0.01$，后期 $P \approx 0.01$。前期 Cu（0mg/kg）×维生素 A（5 000IU/kg）组酶
活力最高，后期 Cu（225mg/kg）×维生素 A（1 500IU/kg）组酶活力最
高。可见铜与维生素 A 存在一定的互补作用，但未见二者互作对血清 NOS
活性影响的报道，有关机理还有待进一步研究。

4. 日粮不同铜与维生素 A 水平及其交互作用对血清中 T-AOC 的影响

由表 5 – 22 知，日粮不同铜水平对前期血清 T-AOC 影响显著
（$P < 0.01$），Cu（225mg/kg）组最低，其他几组之间差异不显著，对后期
血清 T-AOC 影响不显著（$P > 0.05$）。日粮维生素 A 水平对前期血清 T-

AOC 影响显著（$P < 0.01$），低维生素 A 组酶活力较高，对后期血清 T-AOC 影响不显著（$P > 0.05$）。铜与维生素 A 交互作用对前后期血清 T-AOC 影响显著（$P < 0.01$）。

机体防御体系的抗氧化能力的强弱与健康程度存在着密切联系，该防御体系有酶促与非酶促两个体系，许多酶是以微量元素为活性中心，例如，超氧化物歧化酶 SOD、谷胱甘肽过氧化物酶 GSH-Px、过氧化氢酶 CAT 等，非酶促反应体系中主要为维生素、氨基酸和金属蛋白质，例如，维生素 E、胡萝卜素、维生素 C、半胱氨酸、蛋氨酸、色氨酸、组氨酸、葡萄糖、铜蓝蛋白、转铁蛋白、乳铁蛋白等。这个体系的防护氧化作用主要通过 3 条途径。

（1）消除自由基和活性氧以免引发脂质过氧化。

（2）分解过氧化物，阻断过氧化链。

（3）除去起催化作用的金属离子。防御体系各成分之间相互起到了协同作用，以及代偿作用与依赖作用。

影响防御体系的因素很多，例如饥饿、碳水化合物供应是否充足，维生素的供应多少，铁、铜、锌、硒等微量元素的吸收多少，以及年龄、激素水平等都影响防御系统的机能，这种机能的降低，常常导致各种疾病的产生，因此测量机体体液、细胞、组织等的总抗氧化能力的高低具有重要意义。

本试验表明日粮铜的添加水平对前期血清 T-AOC 影响显著（$P < 0.01$），Cu（225mg/kg）组最低，其他几组之间差异不显著。滑静（2003）研究表明，日粮中添加 30mg/kg 硫酸铜时，血清中 T-AOC 显著高于对照组，和本试验结果类似。日粮铜水平对后期血清 T-AOC 影响不显著（$P > 0.05$），说明铜对机体抗氧化能力的影响和动物的生长阶段有关。

日粮维生素 A 的添加水平对前期血清 T-AOC 影响显著（$P < 0.01$），低维生素 A 组 T-AOC 较高，对后期血清 T-AOC 影响不显著（$P > 0.05$）。

说明日粮维生素 A 水平对幼龄动物抗氧化能力有影响，且较低的维生素 A 水平可提高机体抗氧化能力。尚未见到有关报道，有关机理还有待进一步探讨。

铜与维生素 A 交互作用对前后期血清 T-AOC 影响显著（$P < 0.05$）。前期 Cu（0mg/kg）×维生素 A（1 500IU/kg）组 T-AOC 最高，Cu（8mg/kg）×维生素 A（1 500IU/kg）组和 Cu（8mg/kg）×维生素 A（5 000IU/kg）组次之，后期 Cu（0mg/kg）×维生素 A（5 000IU/kg）组 T-AOC 最高，Cu（8mg/kg）×维生素 A（5 000IU/kg）组次之。可见铜与维生素 A 存在一定的交互作用，但未见二者互作对血清 T-AOC 影响的报道，有关机理还有待进一步研究。

5. 日粮不同铜与维生素 A 水平及其交互作用对血清中 GSH-Px 活力的影响

由表 5 - 23 知，日粮不同铜水平对前后期血清 GSH-Px 活力影响极显著（$P < 0.01$），前期 Cu（0mg/kg）组酶活力最高，后期 Cu（150mg/kg）组酶活力最高。

表 5 - 23　血清中 GSH-Px 和 CP 活力

添加水平			4 周龄		7 周龄	
Cu（mg/kg）	维生素 A（IU/ kg）	n	血清 GSH-Px 活力（酶活力单位）	血清 CP 活力（U/L）	血清 GSH-Px 活力（酶活力单位）	血清 CP 活力（U/L）
0	1 500	4	306.46 ± 35.18b	1.934 ± 0.456cd	212.87 ± 19.39b	1.612 ± 0.696a
8	1 500	4	145.67 ± 27.38e	3.466 ± 0.550b	161.50 ± 8.96c	2.096 ± 0.186a
150	1 500	4	239.26 ± 16.85c	2.176 ± 0.484cd	307.17 ± 35.46a	1.827 ± 0.760a
225	1 500	4	207.24 ± 57.65cd	4.514 ± 0.263a	142.50 ± 41.37cde	2.660 ± 1.793a
0	5 000	4	364.52 ± 14.53a	1.048 ± 0.309e	174.17 ± 22.01c	1.532 ± 0.551a
8	5 000	4	167.57 ± 49.22de	1.531 ± 0.406de	117.17 ± 23.17de	1.854 ± 0.664a
150	5 000	4	200.82 ± 32.36cd	2.499 ± 0.551c	150.94 ± 9.94cd	2.176 ± 0.309a
225	5 000	4	79.17 ± 17.60f	2.176 ± 0.309cd	109.07 ± 19.55e	2.418 ± 0.416a
0		8	335.49a	1.491c	193.52b	1.572b

（续表）

添加水平			4 周龄		7 周龄	
Cu (mg/kg)	维生素 A (IU/ kg)	n	血清 GSH-Px 活力（酶活力单位）	血清 CP 活力 (U/L)	血清 GSH-Px 活力（酶活力单位）	血清 CP 活力 (U/L)
8		8	156.62c	2.499b	139.33c	1.975ab
150		8	220.04b	1.337b	229.06a	2.002ab
225		8	143.20c	3.345a	125.79c	2.539a
	1 500	16	224.66a	3.023a	206.01a	2.049a
	5 000	16	203.02a	1.813b	137.84b	1.995a
P 值	Cu		0.000 1	0.000 1	0.000 1	0.157 6
	维生素 A		0.089 8	0.000 1	0.000 1	0.853 6
	Cu × 维生素 A		0.000 1	0.000 1	0.000 1	0.871 9

日粮维生素 A 水平对前期血清 GSH-Px 活力影响不显著（$P > 0.05$），对后期血清 GSH-Px 活力影响极显著（$P < 0.01$），低维生素 A 组酶活力较高。

铜与维生素 A 交互作用对前后期血清 GSH-Px 活力影响极显著（$P < 0.01$）。谷胱甘肽过氧化酶是机体内广泛存在的一种重要的催化过氧化氢分解的酶，它特异的催化还原型谷胱甘肽为过氧化氢的还原反应，可以起到保护细胞膜结构和功能完整的作用。

本试验表明，日粮铜的添加水平对前后期血清 GSH-Px 活力影响极显著（$P < 0.01$），前期 Cu（0mg/kg）组酶活力最高，后期 Cu（150mg/kg）组酶活力最高。这说明高铜会降低 GSH-Px 活性。马得莹（2003）报道，日粮过高铜会降低 GSH-Px 的活性，导致体内自由基的蓄积，引起脂氧化；Sansinena（1998）给大鼠饮含铜 0.2% 的水，引起其肝脏中铜蓄积过多，组织 GSH-Px 活性下降，自由基蓄积，进一步导致脂氧化。张力等（1994）试验结果表明，当日粮中铜含量由 125mg/kg 升至 250mg/kg 时，猪组织中 GSH-Px 活性降低了 40%，并且不能通过补充硒来消除。本试验与这些研究结果类似。

日粮维生素 A 的添加水平对前期血清 GSH-Px 活力影响不显著
（$P>0.05$），对后期血清 GSH-Px 活力影响极显著（$P<0.01$），低维生素
A 组酶活力较高。Polissier 等报道，维生素 A 缺乏大鼠肝组织 GSH-Px 活性
明显低于正常对照组动物。李英哲（2001）报道，维生素 A 轻度或完全缺
乏均可以引起 GSH-Px 活性降低。本试验证明，维生素 A 添加量过高也会
影响 GSH-Px 的活性。

铜与维生素 A 交互作用对前后期血清 GSH-Px 活力影响极显著
（$P<0.01$）。前期 Cu（0mg/kg）×维生素 A（5 000IU/kg）组 GSH-Px 活
力最高，后期 Cu（150mg/kg）×维生素 A（1 500IU/kg）组 GSH-Px 活力
最高。可见铜与维生素 A 在对血清 GSH-Px 活力的影响上存在互补作用，
但未见二者互作对血清 GSH-Px 活力影响的报道，有关机理还有待进一步
研究。

6. 日粮不同铜与维生素 A 水平及其交互作用对血清中 CP 活力的影响

由表 5 - 23 可知，日粮不同铜水平对前期血清 CP 活力影响极显著
（$P<0.01$），Cu（225mg/kg）组血清 CP 活力显著高于其他几组；对后期
血清 CP 活力影响不显著（$P>0.05$），但也以 Cu（225mg/kg）组血清 CP
活力最高。

日粮维生素 A 水平对前期血清 CP 活力影响极显著（$P<0.01$），低维
生素 A 组酶活力显著高于高维生素 A 组，对后期血清 CP 活力影响不显著
（$P>0.05$），但也以低维生素 A 组酶活力较高。铜与维生素 A 交互作用对
前期血清 CP 活力影响极显著（$P<0.01$），对后期血清 CP 活力影响不显
著（$P>0.05$）。

Goldstein 等（1979）研究证实，一定浓度的 CP，能抑制通过黄嘌呤
氧化酶调节的正铁细胞色素 C 的还原作用，以减少由此过程诱发的超氧阴
离子的生成，CP 对超氧阴离子的清除作用主要发生在细胞外。血浆 CP 对
由亚铁盐诱发的磷脂过氧化、脱氧化、脱氧核糖的降解这几种自由基生成

所产生的脂质过氧化有抑制作用。

本试验表明日粮铜的添加水平对前期血清 CP 活力影响极显著（$P < 0.01$），Cu（225mg/kg）组血清 CP 活力显著高于其他几组；对后期血清 CP 活力影响不显著（$P > 0.05$），但也以 Cu（225mg/kg）组血清 CP 活力最高，前后期均是随着日粮铜的添加水平的增加，血清 CP 酶活力有升高的趋势。这与张苏江（2002）、高原等（2002）、李宏等（2002）的研究结果一致。这说明了铜通过提高血清 CP 酶活力来增加机体的抗氧化能力。

日粮维生素 A 的添加水平对前期血清 CP 酶活力影响显著（$P < 0.01$），且随着日粮维生素 A 的添加水平的增加，血清 CP 酶活力显著降低（$P < 0.01$），日粮维生素 A 的添加水平对后期血清 CP 酶活力影响不显著（$P > 0.05$），但随着日粮维生素 A 的添加水平的增加，血清 CP 酶活力有下降的趋势。这表明高水平的维生素 A 可能抑制了血清 CP 酶活力。但 Barber 和 Cousins（1987）研究发现 13 – 碳视网膜酸或视黄酯醋酸盐可诱导大鼠血清铜蓝蛋白氧化酶的合成。这说明血清铜蓝蛋白酶活力不仅与维生素 A 的添加量有关，而且与受试动物种类有关，详细机理有待于进一步探讨。

铜和维生素 A 交互作用对前期血清 CP 酶活力影响显著（$P < 0.01$），对后期血清 CP 酶活力影响不显著（$P > 0.05$）。这说明铜与维生素 A 之间互作效应对血清 CP 活力的影响可能与肉仔鸡的生长阶段有关。目前尚未见有关铜和维生素 A 交互作用对血清铜蓝蛋白酶活力影响的报道，还有待于进一步探讨。

7. 日粮不同铜与维生素 A 水平及其交互作用对血清中 MDA 含量的影响

由表 5 – 24 可知，日粮不同铜水平对前期血清 MDA 含量影响极显著（$P < 0.01$），Cu（150mg/kg）组血清 MDA 含量显著高于其他几组；对后期血清 MDA 含量影响不显著（$P > 0.05$）。

日粮维生素 A 水平对前期血清 MDA 含量影响不显著（$P > 0.05$），但也以低维生素 A 组 MDA 含量较高，对后期血清 MDA 含量影响极显著（$P < 0.01$），低维生素 A 组 MDA 含量显著高于高维生素 A 组。铜与维生素 A 交互作用对前期血清 MDA 含量影响极显著（$P < 0.01$），对后期血清 MDA 含量影响不显著（$P > 0.05$）。

机体通过酶系统和非酶系统产生氧自由基，后者能攻击生物膜中的多不饱和脂肪酸，引发脂质过氧化作用，并因此形成脂质过氧化物，如醛基（丙二醛）、酮基、羟基、羧基、氢过氧基或内过氧基，以及新的氧自由基等。脂质过氧化作用不仅把活性氧转化成活性化学剂，即非自由基性的脂类分解产物，而且通过链式或链式支链反应，放大活性氧的作用。因此，初始的一个活性氧能导致很多脂类分解产物的形成，这些分解产物中，一些是无害的，另一些则能引起细胞代谢及功能障碍，甚至死亡。氧自由基不但通过生物膜中多不饱和脂肪酸的过氧化引起细胞损伤，而且还能通过脂氢过氧化物的分解产物引起细胞损伤。因而 MDA 的量可反应机体内脂质过氧化的程度，间接地反映出细胞损伤的程度。SOD 活力的高低间接反映了机体清除氧自由基的能力，而 MDA 的高低又间接反映了机体细胞受自由基攻击的严重程度。

本试验表明日粮铜的添加水平对前期血清 MDA 含量影响极显著（$P < 0.01$），Cu（150mg/kg）组血清 MDA 含量显著高于其他几组，说明 Cu（150mg/kg）组机体的脂质过氧化程度最严重，而 Cu（0mg/kg）组和 Cu（225mg/kg）组 MDA 含量较低，抗氧化力较强。滑静（2003）报道日粮中添加 30mg/kg 硫酸铜时，血清 MDA 含量显著低于对照组，这与本试验有相似之处。日粮铜水平对后期血清 MDA 含量影响不显著（$P > 0.05$），说明铜对机体抗氧化能力的影响存在阶段性。

日粮维生素 A 的添加水平对前期血清 MDA 含量影响不显著（$P > 0.05$），但也以低维生素 A 组 MDA 含量较高，对后期血清 MDA 含量影响极显著（$P < 0.01$），低维生素 A 组 MDA 含量显著高于高维生素 A 组。说明低维生素 A 组机体脂质过氧化程度严重，高维生素 A 有利于增强机体的抗氧化能力。维生素 A 与脂质过氧化及抗氧化系统之间的关系尚存在不同意见。李英哲等证实维生素 A 可淬灭氧自由基，降低发生在细胞膜上的脂质过氧化反应。而任国峰（2001）对大鼠研究报道，高维生素 A 组 MDA 含量显著高于对照组。其机理还有待进一步研究。

铜与维生素 A 交互作用对前期血清 MDA 含量影响极显著（$P < 0.01$），Cu（150mg/kg）×维生素 A（1 500IU/kg）组最高，Cu（225mg/kg）×维生素 A（1 500IU/kg）组最低。交互作用对后期血清 MDA 含量影响不显著（$P > 0.05$）。这说明铜与维生素 A 互作效应对脂质过氧化的影响可能在一定条件下存在，除受日粮铜和维生素 A 水平影响外，可能还受试验动物日龄的影响，也可能受环境、动物本身健康状况、饲料中其他营养素的影响。目前尚无铜与维生素 A 互作效应对机体脂质过氧化影响的报道，应结合其他的抗氧化酶进行更深一步探讨。

8. 日粮不同铜与维生素 A 水平及其交互作用对血清中 CAT 活力的影响

由表 5-24 可知，日粮不同铜水平对前后期血清 CAT 活力影响均不显著（$P > 0.05$）。

日粮维生素 A 水平对前期血清 CAT 活力影响不显著（$P > 0.05$），对后期血清 CAT 活力影响显著（$P < 0.05$），高维生素 A 组酶活力较高。

铜与维生素 A 交互作用对前后期血清 CAT 活力影响均不显著（$P > 0.05$）。

表 5-24　血清中 MDA 含量和 CAT 活力

添加水平			4 周龄		7 周龄	
Cu（mg/kg）	维生素 A（IU/kg）	n	血清 MDA 含量（nmol/mL）	血清 CAT 活力（U/mL）	血清 MDA 含量（nmol/mL）	血清 CAT 活力（U/mL）
0	1 500	4	1.961 ± 0.577cd	1.144 ± 0.880a	3.333 ± 1.050ab	2.379 ± 0.432a
8	1 500	4	5.882 ± 1.672b	2.112 ± 0.193a	3.383 ± 2.174ab	1.897 ± 0.205ab
150	1 500	4	8.824 ± 1.847a	1.777 ± 0.560a	4.248 ± 0.806a	1.570 ± 0.405b

（续表）

添加水平			4 周龄		7 周龄	
Cu (mg/kg)	维生素 A (IU/kg)	n	血清 MDA 含量 (nmol/mL)	血清 CAT 活力 (U/mL)	血清 MDA 含量 (nmol/mL)	血清 CAT 活力 (U/mL)
225	1 500	4	1.078 ± 0.080d	1.276 ± 0.697a	5.049 ± 1.930a	1.502 ± 0.600b
0	5 000	4	3.824 ± 1.182bc	1.773 ± 1.013a	3.007 ± 1.896ab	2.134 ± 0.574ab
8	5 000	4	3.333 ± 0.160bcd	1.931 ± 0.154a	1.912 ± 0.648b	2.394 ± 0.133a
150	5 000	4	3.760 ± 3.284bc	2.044 ± 0.596a	1.307 ± 0.515b	2.108 ± 0.816ab
225	5 000	4	4.248 ± 1.158bc	2.055 ± 0.229a	3.464 ± 0.647ab	2.394 ± 0.385a
0		8	2.892c	1.459a	3.170ab	2.256a
8		8	4.608b	2.021a	2.647b	2.145a
150		8	6.292a	1.910a	2.778ab	1.839a
225		8	2.663c	1.666a	4.256a	1.948a
	1 500	16	4.436a	1.577a	4.003a	1.837b
	5 000	16	3.791a	1.951a	2.422b	2.257a
P 值	Cu		0.000 3	0.289 6	0.103 9	0.334 8
	维生素 A		0.260 9	0.101 0	0.003 2	0.022 8
	Cu × 维生素 A		0.000 1	0.430 9	0.320 7	0.155 2

CAT 为机体内重要的抗氧化酶，它催化过氧化氢分解为水与氧气，从而保护细胞膜的机构及功能不受过氧化物的损害。许多研究结果表明，动物体组织中 CAT 的活性与日粮铜水平有关。Lai（1995）研究结果表明，日粮缺铜降低鼠肝脏中 CAT 活性 46%，并降低其 mRNA 水平达 48%。赵昕红（1999）报道，日粮高铜（250mg/kg）显著提高仔猪血清 CAT 活性。本试验结果表明，日粮铜的添加水平对前后期血清 CAT 活力影响均不显著（$P > 0.05$），这可能是由于实验动物的不同造成的。

日粮维生素 A 的添加水平对前期血清 CAT 活力影响不显著（$P > 0.05$），对后期血清 CAT 活力影响显著（$P < 0.05$），高维生素 A 组酶活力较高。这与张春善（2002）研究结果一致。

铜与维生素 A 交互作用对前后期血清 CAT 活力影响均不显著（$P >$

0.05）。说明二者对肉仔鸡血清 CAT 活性的影响不存在交互作用，上面也可以看出，铜和维生素 A 分别对 CAT 活性均无影响，且尚未见到二者互作对 CAT 活性影响的报道。

9. 日粮不同铜与维生素 A 水平及其交互作用对血清中 MAO 活力的影响

由表 5 - 25 可知，日粮不同铜水平对前期血清 MAO 活力影响极显著（$P < 0.01$），Cu（0mg/kg）组血清 MAO 活力显著高于其他几组；对后期血清 MAO 活力影响不显著（$P > 0.05$）。日粮维生素 A 水平对前期血清 MAO 活力影响不显著（$P > 0.05$），对后期血清 MAO 活力影响极显著（$P < 0.01$），低维生素 A 组酶活力显著高于高维生素 A 组。

表 5 - 25   血清中 MAO 活力

添加水平			4 周龄	7 周龄
Cu（mg/kg）	维生素 A（IU/ kg）	n	血清 MAO 活力 [U/（h·mL）]	血清 MAO 活力 [U/（h·mL）]
0	1 500	4	16.000 ± 2.010a	9.667 ± 1.472ab
8	1 500	4	12.542 ± 5.170ab	11.583 ± 1.099a
150	1 500	4	8.667 ± 0.272bc	10.271 ± 0.961a
225	1 500	4	6.611 ± 1.021c	6.389 ± 2.397bc
0	5 000	4	15.417 ± 5.114a	5.555 ± 3.340cd
8	5 000	4	6.500 ± 2.947c	2.800 ± 0.502d
150	5 000	4	14.583 ± 0.645a	8.250 ± 3.432abc
225	5 000	4	5.917 ± 0.612c	9.389 ± 2.604ab
0		8	15.708a	7.611a
8		8	9.521b	7.192a
150		8	11.625b	9.261a
225		8	6.264c	7.889a
	1 500	16	10.955a	9.478a
	5 000	16	10.604a	6.499b
P 值	Cu		0.000 1	0.303 0
	维生素 A		0.735 8	0.000 9
	Cu × 维生素 A		0.004 4	0.000 2

铜与维生素 A 交互作用对前后期血清 MAO 活力影响均为极显著（$P<0.01$）。本试验表明日粮铜的添加水平对前期血清 MAO 活力影响极显著（$P<0.01$），Cu（0mg/kg）组血清 MAO 活力显著高于其他几组；而滑静（2003）对蛋鸡研究报道，日粮中添加 30mg/kg 硫酸铜时，血清 MAO 活力最高，这与本试验有一定的差异，但都证实了高铜不会提高 MAO 的活力。日粮铜水平对后期血清 MAO 活力影响不显著（$P>0.05$），说明铜只影响幼龄动物血清 MAO 活性。

日粮维生素 A 的添加水平对前期血清 MAO 活力影响不显著（$P>0.05$），对后期血清 MAO 活力影响极显著（$P<0.01$），低维生素 A 组酶活力显著高于高维生素 A 组。说明高维生素 A 会抑制血清 MAO 活力，但尚未见到有关报道，其机理还有待进一步探讨。

铜与维生素 A 交互作用对前后期血清 MAO 活力影响均为极显著（$P<0.01$）。前期 Cu（0mg/kg）×维生素 A（1 500IU/kg）组最高，但与Cu（0mg/kg）×维生素 A（5 000IU/kg）组和 Cu（150mg/kg）×维生素 A（5 000IU/kg）组之间差异不显著（$P>0.05$）。后期 Cu（8mg/kg）×维生素 A（1 500IU/kg）组和 Cu（150mg/kg）×维生素 A（1 500IU/kg）组较高且两组之间差异不显著。可见铜与维生素 A 存在一定的互补作用，但未见二者互作对血清 MAO 活性影响的报道，有关机理还有待进一步研究。

第十节　小　结

本章探讨了肉仔鸡体内 Cu 和维生素 A 的互作效应，研究了 Cu、维生素 A 及其互作对肉仔鸡生产性能，免疫功能，糖、脂、蛋白质代谢，抗氧化能力以及促生长作用机理的探讨。

一是日粮中添加 Cu（8mg/kg）组极显著提高了前期生产性能、前期血清抗体效价、全期淋巴细胞 ANAE[+]% 、前期 CuZn-SOD 活性及全期粗脂肪表观沉积率（$P<0.01$）；日粮中不添加 Cu 组极显著降低了后期料重比（$P<0.01$）；日粮中添加 Cu（150mg/kg）组极显著提高了粗蛋白表观沉积率（$P<0.01$）；全期高铜抑制了肉仔鸡生产性能、免疫功能、CuZn-SOD 活性及粗脂肪表观沉积率；铜的适宜添加量：前期为 8mg/kg，后期为 0～8mg/kg。饲粮中添加维生素 A（5 000IU/kg）组极显著提高了前期生产性能和全期淋巴细胞 ANAE$^+$%（$P<0.01$）和显著提高了后期粗脂肪表观沉积率（$P<0.05$）；维生素 A（1 500IU/kg）组显著提高了前期粗蛋白表观沉积率（$P<0.05$），高维生素 A 明显抑制了粗蛋白表观沉积率。维生素 A 的适宜添加量为 5 000IU/kg。互作效应对前期体增重影响显著（$P<0.05$），对全期料重比影响均显著（$P<0.05$），对后期淋巴细胞 ANAE$^+$% 影响极显著（$P<0.01$），对前期粗蛋白表观沉积率影响极显著（$P<0.01$），对全期粗脂肪表观沉积率影响极显著（$P<0.01$），Cu（8mg/kg）×维生素 A（5 000IU/kg）组肉仔鸡生产性能、免疫功能及粗脂肪表观沉积率较好。

二是日粮中不同铜水平对前后期肝脏维生素 A 浓度影响均显著（$P<0.01$），对前期血清维生素 A 浓度影响接近显著（$P\approx0.05$）、对后期血清维生素 A 浓度影响显著（$P<0.01$）。肝脏维生素 A 浓度随着日粮铜的添加水平（0～8mg/kg）的增加而升高；血清维生素 A 浓度保持相对稳定，受日粮铜的添加水平（0～225mg/kg）的影响很小。日粮中不同维生素 A 水平对后期肝脏铜浓度影响显著（$P<0.01$）。随着维生素 A 添加水平（1 500～5 000IU/kg）的增加，肝脏铜浓度升高。铜和维生素 A 交互作用对前后期肝脏维生素 A 浓度、血清维生素 A 浓度，前期肝脏铜浓度影响均显著（$P<0.01$）。铜与维生素 A 交互作用显著影响维生素 A 代谢；铜与维生素 A 交互作用对肝脏铜浓度的影响与肉仔鸡生长阶段有关，影响程度前期大于后期。日粮不同铜水平对前后期血红蛋白（Hb）含量、后期红细胞压积（PCV）值、前后期血沉（ESR）影响均显著（$P<0.01$）；对前

后期白细胞计数（WCC）影响均显著（$P<0.05$）；对前后期红细胞计数（RCC）影响均不显著（$P>0.05$）。日粮铜的添加水平（0、8mg/kg、150mg/kg、225mg/kg）不影响红细胞数目，但显著影响血红蛋白含量、血沉、白细胞生成；对红细胞压积的影响与生长阶段有关。铜（0mg/kg）组前后期 Hb 含量，后期 PCV 值，前期 ESR 值最高。铜（150mg/kg）组 WCC 最高。日粮不同维生素A水平对前后期 Hb 含量、前后期 PCV 值、前后期 ESR 和前期 WCC 影响均显著（$P<0.01$）；对后期 RCC 影响显著（$P<0.05$）。日粮维生素A的添加水平（1 500IU/kg、5 000IU/kg）显著影响血红蛋白含量、血沉、红细胞压积。对红、白细胞的生成影响与生长阶段有关。维生素A（5 000IU/kg）组 Hb 含量、后期 RCC、后期 PCV 值，后期 ESR 及 WCC 最高。铜和维生素A交互作用对前后期 Hb、后期 PCV 值、前后期 ESR、前后期 WCC 影响均显著（$P<0.01$）；对前后期 RCC 影响均不显著（$P>0.05$）。铜与维生素A交互作用不影响红细胞数量，但显著影响血红蛋白含量、血沉、白细胞生成，对红细胞压积的影响与生长阶段有关。铜与维生素A交互组对各血液理化指标的最大值的影响存在很大的差异。

三是日粮中添加高铜（225mg/kg）或高水平的维生素A（5 000IU/kg）及两者互作 Cu（225mg/kg）×维生素A（5 000IU/kg）均利于降低血糖（GLU）浓度。日粮中添加高铜（150～225mg/kg）可提高血清胰岛素（INS）水平；高水平的维生素A（5 000IU/kg）则可抑制其分泌；两者互作表现为 Cu（0mg/kg）×维生素A（1 500IU/kg）可提高 INS 浓度。日粮中添加高铜（150mg/kg）或低水平的维生素A（1 500IU/kg）及两者互作 Cu（150mg/kg）×维生素A（1 500IU/kg）均利于提高十二指肠淀粉酶活性。日粮中铜水平或维生素A水平均与血清乳酸脱氢酶（LDH）水平呈负相关；两者互作表现为 Cu（150mg/kg）×维生素A（5 000IU/kg）利于提高血清 LDH 浓度。日粮铜水平对肉仔鸡血清胆固醇（CHO）浓度的影响存在生长阶段差异性，前期为低铜（0mg/kg）组CHO浓度最低；随着日粮维生素A水平的增加，血清CHO浓度降低；高水平铜（225mg/kg）和高水平维生素A（5 000IU/kg）交互作用时，可以明显降低血清CHO浓度。日粮铜水平为（0mg/kg）时，可提高血清甘油三酯（TG）的浓度；维生素A的添加水平对TG的影响存在阶段性差异；低水平铜（0mg/kg）与高或低剂量的维生素A互作则会提高血清TG浓度。日粮铜水平对肉仔鸡血清高密度脂蛋白（HDL）和低密度脂蛋白（LDL）浓度的影响表现为低铜组（0~8mg/kg）降低HDL和LDL浓度；维生素A对肉仔鸡血清HDL浓度的影响存在阶段性差异，对血清LDL浓度的影响极显著，集中表现为：日粮维生素A的添加水平与血清HDL、LDL浓度呈负相关；铜与维生素A交互作用对血清HDL和LDL浓度影响均存在阶段差异性，集中表现为低铜（0~8mg/kg）与高或低剂量维生素A互作降低HDL、LDL浓度。日粮中添加高铜（150~225mg/kg）可提高十二指肠脂肪酶的活性和后期血液脂肪酶活性；日粮中添加维生素A降低脂肪酶的活性；铜与维生素A交互作用对脂肪酶活性的影响集中体现为：Cu（150~225mg/kg）×维生素A（1 500IU/kg）可提高脂肪酶活性。日粮低铜（0~8mg/kg）时血清尿素氮（SUN）浓度最低；日粮维生素A水平增加，SUN浓度降低；两者互作集中表现为Cu（0mg/kg）×维生素A（5 000IU/kg）组SUN浓度最低。日粮低铜（0~8mg/kg）或高剂量维生素A均有利于提高血清总蛋白（TP）浓度；Cu（0mg/kg）×维生素A（5 000IU/kg）组可增加TP浓度。日粮中低剂量的铜（0mg/kg）有助于提高血清谷草转氨酶（GOT）和谷丙转氨酶（GPT）的活性；维生素A对血清GOT和GPT活性的影响存在阶段性差异；两者互作集中体现为Cu（0mg/kg）×维生素A（1 500IU/kg）组GOT和GPT活性最高。表明低铜利于蛋白质合成。

四是在肉仔鸡生长前期，高铜仅明显降低了回肠肠壁的厚度，在生长后期，Cu（150mg/kg）和Cu（225mg/kg）组小肠肠壁厚度明显较低，在整个生长期，高铜并无明显提高绒毛长度的趋势；日粮铜添加水平极显著地影响了前后期盲肠内乳酸杆菌、双歧杆菌、大肠杆菌和沙门氏菌的数量（$P < 0.01$），在整个生长期，从 Cu（0mg/kg）、Cu（8mg/kg）到 Cu（150mg/kg），随着铜添加水平的增加，乳酸杆菌和双歧杆菌数显著增加，大肠杆菌数显著降低，但当铜增加到 225mg/kg 时，乳酸杆菌和双歧杆菌数量均突然下降，甚至低于 Cu（0mg/kg）组，而大肠杆菌的数量也突然上升并且高于 Cu（0mg/kg）组，Cu（8mg/kg）组盲肠沙门氏菌数量最少；日粮铜的添加水平对后期十二指肠黏膜 CuZn-SOD 活性、前后期十二指肠黏膜 CAT 活性影响极显著（$P < 0.01$），在一定范围内适当提高日粮铜水平可提高十二指肠黏膜 CuZn-SOD 和 CAT 的活性，但不同的生长阶段存在着差异；日粮中维生素 A 对前期小肠各段肠壁厚度、后期空肠和回肠肠壁厚度、前期小肠各段绒毛长度影响均极显著（$P < 0.01$）；对前后期盲肠内乳酸杆菌、双歧杆菌、大肠杆菌和沙门氏菌数量的影响均极显著（$P < 0.01$）；对后期十二指肠黏膜 CuZn-SOD 活性、CAT 活性影响极显著（$P < 0.01$）；维生素 A（5 000IU/kg）组有利于肠道营养物质的吸收、肠道内菌群的平衡，提高了十二指肠黏膜抗氧化酶活性。日粮 Cu 和维生素 A 及其互作水平对血清生长激素浓度影响均不显著（$P > 0.05$），前期血清生长激素平均水平较后期高，前后期 Cu（0mg/kg）组生长激素水平较高，随着铜添加水平的增加，血清生长激素有降低的趋势，但差异不显著。Cu 和维生素 A 交互作用对前期回肠肠壁厚度和后期空肠肠壁厚度影响显著（$P < 0.05$）；对前期十二指肠绒毛长度、后期十二指肠和回肠绒毛长度影响极显著（$P < 0.01$），对后期回肠绒毛长度影响显著（$P < 0.05$）；对前后期盲肠内乳酸杆菌、双歧杆菌、大肠杆菌和沙门氏菌数量的影响均极显著（$P < 0.01$）；对前后期十二指肠黏膜 CuZn-SOD 活性和 CAT 活性影响均极显著（$P < 0.01$）。

五是日粮不同铜水平对前期血清 T-SOD 活力影响极显著（$P < 0.01$），

对后期血清 T-SOD 活力影响也显著（$P \approx 0.01$），前后期均以 Cu（225mg/kg）组血清 T-SOD 活力最高；对前后期血清 CuZn-SOD 活力影响极显著（$P < 0.01$），均以 Cu（8mg/kg）、Cu（225mg/kg）组酶活力较高；对前期血清 NOS 活力影响极显著（$P < 0.01$），以 Cu（0mg/kg）组酶活力较高，对后期血清 NOS 活力影响不显著（$P > 0.05$）；对前期血清 T-AOC 影响显著（$P < 0.01$），对后期血清 T-AOC 影响不显著（$P > 0.05$），总的来看，低铜组 T-AOC 较高；对前后期血清 GSH-Px 活力影响极显著（$P < 0.01$）前期 Cu（0mg/kg）组酶活力最高，后期 Cu（150mg/kg）组酶活力最高；对前期血清 CP 活力影响极显著（$P < 0.01$），对后期血清 CP 活力影响不显著（$P > 0.05$），但均以 Cu（225mg/kg）组血清 CP 活力最高；对前期血清 MDA 含量影响极显著（$P < 0.01$），对后期血清 MDA 含量影响不显著（$P > 0.05$）；对前后期血清 CAT 活力影响均不显著（$P > 0.05$）；对前期血清 MAO 活力影响极显著（$P < 0.01$），Cu（0mg/kg）组血清 MAO 活力显著高于其他几组，对后期血清 MAO 活力影响不显著（$P > 0.05$）。日粮维生素A水平对前期血清 T-SOD 活力影响极显著（$P < 0.01$），以维生素 A（5 000IU/kg）组酶活力较高，而对后期血清 T-SOD 活力影响不显著（$P > 0.05$）；对前期血清 CuZn-SOD 活力影响极显著（$P < 0.01$），维生素 A（5 000IU/kg）组酶活力高于维生素 A（1 500IU/kg）组，对后期血清 CuZn-SOD 活力影响不显著（$P > 0.05$）；对前期血清 NOS 活力影响显著（$P < 0.01$），维生素 A（5 000IU/kg）组酶活力较高，对后期血清 NOS 活力影响不显著（$P > 0.05$）；对前期血清 T-AOC 活力影响显著（$P < 0.01$），低维生素 A 组酶活力较高，对后期血清 T-AOC 活力影响不显著（$P > 0.05$）；对前期血清 GSH-Px 活力影响不显著（$P > 0.05$），对后期血清 GSH-Px 活力影响极显著（$P < 0.01$），低维生素 A 组酶活力较高；对前期血清 CP 活力影响极显著（$P < 0.01$），低维生素 A 组酶活力显著高于高维生素 A 组，对后期血清 CP 活力影响不显著（$P > 0.05$），但也以低维生素

A 组酶活力较高；对前期血清 MDA 含量影响不显著（$P > 0.05$），但也以低维生素 A 组 MDA 含量较高，对后期血清 MDA 含量影响极显著（$P < 0.01$），低维生素 A 组 MDA 含量显著高于高维生素 A 组；对前期血清 CAT 活力影响不显著（$P > 0.05$），对后期血清 CAT 活力影响显著（$P < 0.05$），高维生素 A 组酶活力较高；对前期血清 MAO 活力影响不显著（$P > 0.05$），对后期血清 MAO 活力影响极显著（$P < 0.01$），低维生素 A 组酶活力显著高于高维生素 A 组著（$P > 0.05$）。铜与维生素 A 交互作用对前期血清 T-SOD 活力影响显著（$P \approx 0.01$），对后期血清 T-SOD 活力影响不显著（$P > 0.05$）；对前后期血清 CuZn-SOD 活力影响显著，前期 $P < 0.05$，后期 $P < 0.01$；对前后期血清 NOS 活力影响显著，前期 $P < 0.01$，后期 $P \approx 0.01$；对前后期血清 T-AOC 活力影响显著（$P < 0.05$）；对前后期血清 GSH-Px 活力影响极显著（$P < 0.01$）；对前期血清 CP 活力影响极显著（$P < 0.01$），对后期血清 CP 活力影响不显著（$P > 0.05$）；对前期血清 MDA 含量影响极显著（$P < 0.01$），对后期血清 MDA 含量影响不显著（$P > 0.05$）；对前后期血清 CAT 活力影响均不显著（$P > 0.05$）；对前后期血清 MAO 活力影响均为极显著（$P < 0.01$）。

附：本著作来源于已发表或待发表论文研究成果

1. 张利环，纳米铜替代抗生素对肉鸭生产性能和血清生化指标的影响及作用机理探讨［D］. 太原：山西农业大学硕士论文，2004.

2. 张利环，贾浩，张若男，王敏奇，许梓荣. 纳米铜替代抗生素对肉鸭生产性能和血清生化指标的影响［J］. 畜牧与兽医，（已接受）.

3. 张利环，李玲香，张瑜，李玲香，杨燕燕，张春善. 转录因子USF1调控鸡小肠上皮细胞中糖类转运蛋白表达［J］. 畜牧兽医学报，2015，46（10）：1713－1720.

4. 张利环. 鸡小肠中多种转录因子的表达变化及其对糖转运蛋白GLUT2的表达调控［D］. 太原：山西农业大学博士论文，2015.

5. 张利环，张若男，贾浩，马悦悦，朱芷葳，李慧锋，陈员玉. 益生菌互作对肉鸡生长性能、肠道消化吸收及糖转运蛋白GLUT2影响的研究［J］. 畜牧兽医学报，2020，51（9）：2165－2176.

6. 张利环，张瑜，李玲香，杨燕燕，张春善. 饲粮铜与维生素A及其互作对肉仔鸡生长性能及十二指肠酶活性的影响［J］. 中国畜牧杂志，2014，50（23）：38－43.

7. 张利环，李玲香，张春善，张瑜，卢海强，蔡永强，常亚琦. 铜与维生素A及其互作效应对肉仔鸡钙磷代谢及激素的影响［J］. 中国畜牧杂志，2014，50（21）：36-42.

8. 张利环，芦海强，张春善. 铜、维生素 A 及其交互作用对肉仔鸡肝脏抗氧化酶活性的影响 [J]. 中国家禽，2014，36（15）：23-28.

9. 张利环，张春善，王博，高晔，巩振华，杨瑞娟，樊君. 铁和维生素 A 及其互作对产蛋鸡生产性能和血清抗氧化指标的影响 [J]. 农学学报，2011，1（5）：32-39.

10. 张利环，巩振华，王博，张春善，张映，杨瑞娟，高晔，樊君等. 铁和维生素 A 及其互作效应对产蛋鸡生产性能和血清激素水平及铁代谢的影响 [J]. 动物营养学报，2009，21（3）：348-355.

11. 张利环，高晔，王博，张春善. 铁和维生素 A 及其互作对鸡蛋中蛋白质和磷脂质含量的影响 [J]. 饲料工业，2011，4：12-14.

12. 张利环，杨瑞娟，杨燕燕，张晓峰，王博，张春善. 铁和维生素 A 及其互作效应对蛋鸡肝脏和血清铁、锌含量及表观存留率的影响 [J]. 饲料工业，2011，9：8-11.

13. 张利环，杨燕燕，张晓峰，王博，张春善. 日粮铜水平对肉仔鸡生产性能和养分表观沉积率的影响 [J]. 饲料博览，2011，4：1-4.

14. 张利环，杨燕燕，张春善，张晓峰. 肉仔鸡对维生素 A 需要量的研究进展 [J]. 黑龙江畜牧兽医，2010，7（上）：37-39.

15. 张利环，张春善，韩河平. 高效液相色谱法测定肉鸭组织中磺胺二甲基嘧啶的残留量 [J]. 中国抗生素杂志，2006，5：56-57.

16. 张利环，张春善，韩河平. 糖萜素在肉鸭生产中替代金霉素的应用效果 [J]. 饲料博览，2005，11：5-7.

17. 张瑜，张春善，李玲香，张利环*，樊君. 铁和维生素 A 及其互作效应对产蛋鸡胫骨质量的影响 [J]. 中国畜牧杂志，2015，51（1）：51-53.

18. 李玲香，张春善，张瑜，张利环*，李爱莲，樊君. 铜和维生素 A

及其互作效应对肉仔鸡胫骨物理指标和胫骨骨矿含量的影响 [J]. 中国畜牧杂志, 2014, 50 (19): 46 – 51.

19. 刘文艳, 张春善, 李园, 巩振华, 张利环*. 铁和维生素 A 及其互作效应对产蛋鸡血清钙磷铁锌含量的影响 [J]. 山西农业科学, 2016, 44 (12): 1838 – 1842.

20. 李园, 张春善, 蔡永强, 刘文艳, 芦海强, 樊君, 张利环*. 铁和维生素 A 及其互作效应对产蛋鸡胫骨铁、铜、锰、锌含量的影响 [J]. 中国家禽, 2016, 38 (11): 30 – 34.

21. 李慧锋, 张臻, 朱文进, 张同玉, 郭文婕, 蔡永强, 朱芷葳, 张利环. 白来航蛋鸡产蛋前后肝转录组功能分析 [J]. 畜牧兽医学报, 2017, 48 (9): 1624 – 1634.

22. 王政, 郭文婕, 邢颖, 罗榕, 朱芷葳, 张利环, 李慧锋. 鸡碱性氨基酸转运基因调控区多态性对生产性状的影响 [J]. 山西农业大学学报 (自然科学版), 2015, 35 (6): 649 – 654.

参考文献

白春礼, 2001. 纳米科技及其发展前景 [J]. 华北工学院学报 (社科版) (S1): 25 – 29, 93.

毕小云, 吴登虎, 邓济苏, 等, 2004. 羚牛血清铜与肝功的相关性研究 [J]. 医学动物防制 (5): 278 – 280.

蔡辉益, 林济华, 王和民, 1990. 不同剂型剂量维生素 A 对家禽免疫功能的影响及其机制的研究 [J]. 中国动物营养学报 (2): 3 – 8, 12.

陈智毅, 廖森泰, 李清兵, 等, 2001. 黄血蚕营养成分的研究 [J]. 广东农业科学 (4): 31 – 33.

陈智毅, 廖森泰, 李清兵, 等, 2002. 多化性黄血蚕的食用和药用价值的研究 [J]. 蚕业科学, 28 (2): 173 – 176.

程忠刚, 1999. 日粮组成对禽产品营养价值的影响 [J]. 粮食与饲料工业 (3): 3 – 5.

程忠刚, 林映才, 许梓荣, 2001. 高铜促生长机理综述 [J]. 兽药与饲料添加剂, 6 (3): 33 – 35.

程忠刚, 许梓荣, 林映才, 等, 2004. 高剂量铜对仔猪生长性能及血液生化指标的影响 [J]. 动物营养学报, 16 (4): 44 – 46.

董志岩, 方桂友, 童斌, 等, 1999. 饲料中不同铜、铁、锌水平对早期断奶仔猪生长性能及相关酶指标的影响 [J]. 福建农业学报 (4): 3 – 5.

方允中, 1993. 自由基生命科学进展. 第 1 集 [M]. 北京: 原子能出版社.

方允中，李文杰，1989. 自由基与酶［M］. 北京：科学出版社.

付袁芝，2018. 磺胺二甲基嘧啶降解菌的筛选及降解特性研究［D］. 哈尔滨：哈尔滨工业大学.

高士争，雷风，1999. 维生素 A 对肉鸡免疫功能的影响［J］. 黑龙江畜牧兽医 (6)：3 – 5.

高原，刘国文，冯海华，等，2002. 高剂量铜对断乳仔猪血液激素和生长因子水平的影响［J］. 中国兽医科学，32 (5)：27 – 30.

高原，周昌芳，2002. 高剂量铜对生长猪血清铜锌铁水平和含铜酶活性及其生产性能的影响［J］. 中国兽医科技，32 (9)：26 – 29.

韩春来，王茂荣，2000. 维生素 A 在鸡与猪营养中的作用［J］. 兽药与饲料添加剂 (4)：23 – 24.

韩正康，1993. 家畜营养生理学［M］. 北京：农业出版社.

何邦平，陈杰，刘小宇，等，2002. 锌铜与血脂水平及脂质过氧化关系的研究进展［J］. 微量元素与健康研究，19 (3)：66 – 68.

何霆，刘汉林，梁琳，等，1994. 肉用仔鸡的饲粮铜水平［J］. 广东畜牧兽医科技，19 (2)：1 – 3，18.

胡薛英，2005. 新型鸭肝炎病毒致病特性及感染鸭肝胰细胞凋亡的研究［D］. 北京：中国农业大学.

滑静，王晓霞，杨佐君，等，2001. 维生素 C、E 对热应激期蛋鸡血液生化指标的影响［J］. 动物营养学报 (4)：59 – 62.

滑静，王晓霞，杨佐君，等，2003. 硫酸铜对产蛋鸡抗氧化能力的影响［J］. 中国畜牧杂志，39 (1)：17 – 18.

黄得纯，吕敏芝，杨承忠，等，2003. 日粮铜水平对肉鸭屠体性状及组织中铜沉积量的影响［J］. 中国家禽 (S1)：85 – 86.

黄俊纯，何胜才，王述容，等，1989. 不同维生素 A 添加量对肉用仔鸡的生长发育及血浆、肝脏中维生素 E 含量的影响 [J]. 中国动物营养学报 (1): 44 – 50.

霍启光, 1986. 中国肉用仔鸡营养需要研究进展 [J]. 饲料工业, 17 (3): 1 – 6.

霍启光, 齐广海, 尹靖东, 2001. 日粮中添加微量组分对鸡蛋胆固醇的影响 [J]. 西北农林科技大学学报, 29 (3): 13 – 18.

江宵兵, 柳树青, 1994. 幼猪日粮添加高剂量铜促生长机制的探讨 [J]. 福建畜牧兽医 (3): 11 – 13.

姜俊芳, 张春善, 等, 2003. 铁与维生素 A 及其互作效应对肉仔鸡的生产性能、铁、铜、锰、锌表观存留率的影响 [J]. 动物营养学报, 15 (1): 31 – 37.

蒋国文, 夏兆飞, 常建宇, 等, 1998. 大剂量维生素 AK 及其互作对肝肾功能的影响 [J]. 中国兽医杂志 (24): 5 – 7.

冷向军, 王康宁, 2001. 高铜对早期断奶仔猪消化酶活性、营养物质消化率和肠道微生物的影响 [J]. 饲料研究 (4): 28 – 29.

李大刚, 雷风, 2001. 高铜对早期断奶约互仔猪腹泻的影响试验 [J]. 河南畜牧兽医, 22 (4): 6 – 7.

李宏, 郭天芬, 2002. 饲粮铜水平对兔血铜含量及两种酶活性的影响 [J]. 中国草食动物, 22 (4): 15 – 17.

李继革, 方兰云, 姚珊珊, 等, 2019. 固相萃取 – 超高效液相色谱 – 串联质谱法测定鸡肉中四环素类抗生素的残留 [J]. 中国卫生检验杂志, 29 (2): 135 – 139.

李萍, 史茜, 王波, 等, 2013. 多项生化指标在常见肝病诊断中的价值 [J]. 国际检验医学杂志, 34 (23): 3205 – 3207.

李清宏, 韩俊文, 罗绪刚, 等, 2001. 高剂量甘氨酸铜对断奶仔猪生产性能和血液指标的影响 [J]. 中国饲料 (18): 15 – 17.

李清宏，罗绪刚，刘彬，等，2001. 高剂量甘氨酸铜对断奶仔猪生产性能血液指标的影响 [J]. 饲料研究，1（1）：6－9.

李清宏，罗绪刚，刘彬，等，2004. 饲粮甘氨酸铜对断奶仔猪血液生理生化指标和组织铜含量的影响 [J]. 畜牧兽医学报，35（1）：23－27.

李伟，胡玉萱，黄永红，1998. 孔雀维生素 A 缺乏诱发支原体感染 [J]. 中国兽医杂志（8）：30.

李晓晶，于鸿，彭荣飞，等，2016. QuEChERS－超高效液相色谱－串联质谱法同时快速测定肉类食品中多种抗生素残留 [J]. 中国食品卫生杂志，28（6）：747－752.

李英哲，黄连珍，周丽玲，2001. 维生素 A 缺乏对大鼠脂质过氧化和抗氧化系统的影响 [J]. 营养学报，23（1）：1－4.

梁扩寰，李绍白，1995. 肝脏病学 [M]. 北京：人民卫生出版社.

刘国文，2001. 铜促生长作用的分子机理 [D]. 北京：中国人民解放军军需大学.

刘国文，王哲，2000. 促生长激素轴与铜促生长的关系 [J]. 动物医学进展（3）：22－24.

刘国文，周昌芳，王哲，等，2003. 日粮铜对猪生长性能及血清 GH、INS、IGF-Ⅰ、IGFBP3 水平的影响 [J]. 中国兽医学报（1）：84－87.

刘国文，周昌芳，张乃生，等，2002. 铜对体外仔猪软骨细胞增殖和自分泌 IGF-I、IGFBP3 的影响 [J]. 中国兽医学报（5）：515－517.

刘昊，还建亚，柳树青，等，1992. 日粮中铜水平对生长猪血清某些微量元素浓度及几种酶活性的影响 [J]. 福建农学院学报（2）：198－203.

刘铁纯，奚景贵，王慧远，等，1989. 微量元素锌、铜、铁与小儿免疫关系的探讨 [J]. 中国免疫学杂志（5）：63.

刘向阳，1995. 早期断奶仔猪日粮配制 [J]. 国外畜牧科技（5）：4－7.

刘向阳，计成，丁丽敏，等，1998. 日粮硒、铜水平对大鼠体内有关的抗氧化物酶活性及脂质过氧化产物的影响［J］．中国农业大学学报（3）：107－112．

刘友华，1985．维生素 A 类化合物抗癌作用及其机制的研究进展［J］．中国医科大学学报（5）：412－416．

刘玉兰，李德发，龚利敏，等，2003．日粮锌铜水平对肉仔鸡生产性能和免疫器官发育的影响［J］．饲料工业，24（8）：16－18．

罗绪刚，邝霞，李清宏，等，2000．饲粮铜源和水平对断奶仔猪垂体生长激素 mRNA 水平的影响［C］//中国畜牧兽医学会动物营养学分会．中国畜牧兽医学会动物营养学分会第六届全国会员代表大会暨第八届学术研讨会论文集（下）．北京：中国畜牧兽医学会动物营养学分会．

马爱国，徐宏伟，2002．维生素 A 缺乏对大鼠生精能力及睾丸标志酶活性的影响［J］．中国公共卫生，18（11）：1298．

马得莹，单安山，2003．铜对动物体内自由基防御系统酶活性及其基因表达的影响［J］．中国畜牧兽医，30（5）：27－29．

宁红梅，葛亚明，李敬玺，等，2011．硒锌铜交互效应对肉鸡胸肌铜、锌、铁、锰、钙含量的影响［J］．郑州轻工业学院学报（自然科学版），26（4）：6－12．

农业鄂 2002 年 235 号公告，2010．动物性食品中兽药最高残留限量［J］．中国猪业（8）：10－12．

彭键，蒋思文，丁原春，1996．断奶仔猪料中添加甲酸钙、杆菌肽锌及高铜的效果［J］．中国畜牧杂志（1）：4－6．

钱莘莘，1998．高铜在组织中残留及排泄规律的研究［J］．中国畜牧杂志，34（3）：36－37．

邱华生，1992．影响仔猪和生长肥育猪添加高剂量铜的因素与问题的商榷［J］．中国畜牧杂志（1）：55－57．

邱华生，黄妙莲，1983．对幼猪、生长肥育猪添加高剂量铜的试验［J］．

中国畜牧杂志 (5): 26 – 29.

邵同先, 张苏亚, 康健, 等, 2002. 低温环境对家兔血清蛋白、血糖和钙含量的影响 [J]. 环境与健康杂志, 19 (5): 274 – 277.

申爱华, 朱泽远, 包承玉, 1999. 肉鸡后期日粮中添加不同水平铜的饲养效应 [J]. 饲料工业 (11): 22 – 23.

石宝明, 孙海霞, 陈靖华. 1999. 高剂量铜对雏鸡作用效果的研究 [J]. 饲料工业 (8): 34 – 35.

宋金彩, 单安山, 2002. 维生素 A 的类激素特性 [J]. 动物营养学报, 14 (1): 29.

宋志刚, 2003. 维生素 A 与动物免疫和肠道发育的关系 [J]. 饲料博览 (10): 17 – 18.

孙素玲, 周如太, 1996. 铜水平对断奶仔猪生产和日粮脂肪利用的影响 [J]. 中国畜牧杂志, 32 (1): 33 – 34.

索兰弟, 魏建民, 闫素梅, 等, 2003. 日粮锌及维生素 A 水平对肉仔鸡体内超氧化物歧化酶活性的影响 [J]. 内蒙古农业大学学报 (自然科学版) (4): 39 – 43.

唐玲, 李德发, 张晋辉, 1999. 日粮中不同水平维生素 D3 和铜对肉仔鸡生产性能和腿病发生率的影响 [J]. 饲料研究 (7): 3 – 5.

田允波, 曾书琴, 2000. 高铜改善猪生产性能和促生长机理的研究进展 [J]. 黑龙江畜牧兽医 (11): 36 – 37.

佟建明, 萨仁娜, 2001. 持续、低剂量金霉素对肉仔鸡肠道微生物、血氨、尿酸和生产性能的影响 [J]. 畜牧兽医学报, 32 (5): 403 – 409.

王锋, 王博, 张春善, 等, 2012. 饲粮铜和维生素 A 及其互作效应对肉仔鸡生长性能及抗氧化功能的影响 [J]. 动物营养学报, 24 (3): 453 – 461.

王根宇, 2000. 高铜和维吉尼亚霉素对雏鸡生产性能和肠道主要菌群的影响［D］．保定：河北农业大学．

王纪茂，江宵兵，毛道胜，1990. 安康红肉鸡饲养观察［J］．福建农业科技（3）：16-17.

王兰芳，林海，杨全明，2001. 高温下不同维生素 A 水平对蛋鸡影响的研究［J］．粮食和饲料工业（5）：34-36.

王选年，冯春花，邓瑞广，等，2002. 日粮维生素 A 对雏鸡免疫应答的影响［J］．畜牧兽医学报（3）：254-257.

王讯，马恒东，赵玲，2005. 鸡体内尿酸生物学功能的研究进展［J］．动物医学进展，26（3）：41-43.

王艳华，2002. 纳米铜和硫酸铜对断奶仔猪生长、腹泻和消化的影响及作用机理探讨［D］．杭州：浙江大学．

王幼明，王小龙，2001. 高铜的应用对畜禽的慢性中毒作用及对环境生态的影响［J］．中国兽医杂志，37（6）：36-38.

魏磊磊，呙于明．袁建敏，2004. 铜、铬营养及其互作对产蛋鸡脂类代谢的调节作用［J］．中国家禽，26（20）：13.

吴建设，呙于明，杨汉春，等，1999. 日粮铜水平对肉仔鸡生长性能和免疫功能影响的研究［J］．畜牧兽医学报（5）：414-420.

吴觉文，钟逸兰，罗献克，等，1997. 高剂量铜日粮饲喂肉鸡的初步研究［J］．华南农业大学学报，18（增刊）：122-124.

吴新民，1996. 铜对杜长大仔猪生长性能、胴体组成和肉质的影响及其作用机理探［D］．杭州：浙江农业大学．

吴新民，高梅生，蒋海生，1998. 不同化学形式铜盐对仔猪生长性能和微量元素代谢的影响［J］．养猪（2）：2-4.

伍喜林，刘文佑，周纪湘，等，2003. 高剂量铜在不同日粮营养条件下对肉鸭生长性能的影响［J］．西南农业学报，16（3）：94-97.

武书庚，2001. 日粮中不同硫酸铜和柠檬酸铜添加水平及其组合对蛋鸡生产性能和蛋品质的影响 ［D］. 北京：中国农业科学院.

奚刚，王敏奇，周勃，等，2000. 长期饲喂高铜饲粮对猪生长的影响及其机理探讨 ［J］. 浙江农业学报，12 （2）：55.

夏兆飞，金久善，梁礼成，2004. 维生素 A 对 AA 肉鸡生长发育和肝肾功能的影响 ［J］. 中国畜牧兽医 （31）：6 – 10.

夏中生，覃小荣，王振权，等，2000. 饲粮高剂量铜对肉鸡生产性能的影响 ［J］. 广西农业生物科学，19 （1）：38 – 41.

谢实勇，范俊英，2003. 维生素 A 在家禽营养中的作用 ［J］. 饲料广角 （5）：28 – 30.

徐晨晨，王宝维，葛文华，等，2013. 铜对 5 ~ 16 周龄五龙鹅生长性能、屠宰性能、营养物质利用率和血清激素含量的影响 ［J］. 动物营养学报，25 （9）：1989 – 1997.

许梓荣，1992. 畜禽矿物质营养 ［M］. 杭州：浙江大学出版社.

许梓荣，吴新民，1999. 不同化学形式的铜对仔猪生长、消化和胴体组成的影响 ［J］. 动物营养学报 （3）：3 – 5.

许梓荣，周勃，王敏奇，等，2000. 长期饲喂高铜饲粮对猪生长的影响及其机理探讨 ［J］. 浙江农业学报，12 （2）：55.

阎熙丰，曲淑艳，薛文成，等，1994. 超氧化物歧化酶，维生素 A 对顺铂所致的肾及骨髓损伤的保护作用 ［J］. 肿瘤 （11）：323 – 326.

杨凤，杨诗兴，杨胜，等，2000. 我国动物营养科学的回顾与展望 ［C］//全国畜禽饲养标准学术讨论会暨营养研究会成立大会论文集. 北京：中国畜牧兽医学会.

杨洪，杨凤，陈可容，1991. 红苕饲粮中添加铜和或喹乙醇对猪生产性能及某些血液生化指标的影响 ［J］. 四川农业大学学报 （4）：568 – 573.

杨居荣，葛家瑞，张美庆，1982. 砷及重金属对土壤微生物的影响 ［J］. 环境科学学报 （3）：190 – 198.

杨连玉，杨文艳，李家奎，等，2005. 日粮铜源及其水平对猪下丘脑生长抑素分泌的影响［J］. 中国兽医学报，25（2）：198－200.

杨月欣，刘建宇，1996. 锌诱导金属硫蛋白体内合成的实验研究［J］. 微量元素与健康研究（1）：1－2.

杨志彪，赵云龙，周忠良，等，2005. 水体铜对中华绒螯蟹体内铜分布和消化酶活性的影响［J］. 水产学报，29（4）：496－501.

姚远，伍冠锁，郗正林，等，2020. 去霉益生素对肉鸭生长、屠宰、抗氧化性能及免疫功能的影响［J］. 江苏农业科学，48（11）：176－180.

尹靖东，齐广海，霍启光，2001. 日粮中添加微量组分对鸡蛋胆固醇的影响［J］. 西北农林科技大学学报（自然科学版），29（3）：13－18.

余斌，2002. 赖氨酸螯合铜对仔猪生长的影响及其机理研究［D］. 广州：华南农业大学.

余顺祥，韩俊文，刘彬，等，2004. 饲粮甘氨酸铜对断奶仔猪血液生理生化指标和组织铜含量的影响［J］. 畜牧兽医学报，35（1）：23－27.

虞泽鹏，谢启轮，张弘，2003. 微量元素铜对肉仔鸡的营养作用研究进展［J］. 兽药与饲料添加剂，8（6）：16－18.

袁施彬，何平，陈代文，2004. 微量元素铜的营养生理功能和促生长机制［J］. 饲料工业，25（7）：23－26.

占秀安，许梓荣，奚刚，2004. 高剂量铜对仔猪生长及消化和胴体组成的影响［J］. 浙江大学学报（农业与生命科学版），30（1）：93－96.

张春善，贾春燕，姜俊芳，等，2003. 铁与维生素 A 及其互作效应对肉仔鸡不同组织铁含量和营养物质表观存留率的影响［J］. 动物营养学报，15（4）：36－43.

张春善，姜俊芳，张映，等，2002. 铁和维生素 A 及互作效应对肉仔鸡生产性能、免疫功能与有关酶及激素的影响［J］. 畜牧兽医学报，33（6）：544－550.

张春善，王钦德，赵志恭，等，2000. 日粮中不同锌及维生素 A 水平对肉
　　仔鸡生产性能、免疫性能和有关酶及激素的影响［J］. 动物营养学报
　　（3）：57－62.

张力，柳树青，1994. 日粮不同铜水平对生长猪组织器官矿物元素和血液
　　生化指标的影响［J］. 福建农业大学学报（2）：196－198.

张苏江，王哲，张光圣，等，2002. 饲料中铜含量对猪血清激素动态变化
　　的影响［J］. 粮食与饲料工业（12）：23－26.

张苏江，王哲，张光圣，等，2003. 高铜对生长猪生长性能、血清激素水
　　平及酶活性的影响［J］. 中国兽医学报，23（2）：199－203.

张苏江，王哲，张光圣，等，2003. 饲粮铜水平对生长猪部分生化指标的
　　影响［J］. 养猪（1）：1－3.

张婉如，1986. 日粮含铜量对生长猪血浆的几种微量元素浓度及酶活性影
　　响的研究［J］. 中国畜牧杂志（4）：6－8.

张艳云，孙龙生，申春平，等，1996. 日粮中添加高剂量铜对肉用仔鸡生
　　长和肝、粪铜浓度的影响［J］. 禽业科技（4）：3－5.

张中太，林元华，唐子龙，等，2000. 纳米材料及其技术的应用前景［J］.
　　材料工程（3）：42－48.

张忠远，韩友文，单安山，等，2002. 糖萜素在肉仔鸡饲粮中替代金霉素
　　应用效果的研究［J］. 黑龙江畜牧兽医（7）：13－15.

赵德明，方文军，张日俊，等，1996. 铜缺乏对肉鸡淋巴组织器官发育的
　　影响［J］. 中国兽医科技，26（6）：13－14.

赵昕红，李德发，田福刚，等，1999. 高锌和高铜对仔猪生长性能、免疫
　　功能和抗氧化酶活性的影响［J］. 中国农业大学学报，4（1）：91－96.

赵志伟，张山林，赵志勇，等，1998. 高铜对鸡饲料养分利用率的影响
　　［J］. 中国饲料（2）：31－32.

周桂莲，杜忠亮，韩友文，等，2000. 铜的来源与水平对断奶仔猪生产性

能的影响 [J]. 饲料博览 (12)：14－15.

周桂莲，韩友文，1996. 肉仔鸡对不同铜源生物学效价的研究 [J]. 动物营养学报，8 (3)：9－19.

周桂莲，韩友文，1996. 饲喂高铜日粮对肉仔鸡影响的研究 [J]. 饲料博览，8 (3)：3－6.

周桂莲，韩友文，杜忠亮，1996. 肉仔鸡铜需要量的研究 [J]. 动物营养学报，8 (4)：6－14.

周子新，刘筱娴，2001. 维生素 A 缺乏的流行病学研究 [J]. 国外医学（社会医学分册），18 (2)：74－77.

朱晓萍，2002. 高铜对仔猪促生长作用机理的研究进展 [J]. 饲料工业，23 (12)：21－23.

Aburto A，Britton W M，1998. Effects of different levels of vitamin A andE on the utilization of cholecalciferol by broiler chickens [J]. Poultry Science，77 (4)：570－577.

Al Ankari A，Najib H，Al Hozab A，1998. Yolk and serum cholesterol and production traits, as affected byincorporating a supraoptimal amount of copper in the diet of the Leghorn hen [J]. British Poultry Science，39 (3)：393－397.

Anwar M I，Awais M M，Akhtar M，et al，2019. Nutritional and immunological effects of nano-particles in commercial poultry birds [J]. World's Poultry Science Journal，75 (2)：261－272.

Aoyagi S，Baker D H，1995. Effect of high copper dosing on hemicellulose digestibility in cecectomized cockerels [J]. Poultry science，74 (1)：208－211.

Bala S，Failla L，1991. Alterations in splenetic lymphoid cell subsets and activation antigens in copper-deficient rats [J]. J Nutr，12 (3)：745－753.

Baldwin T J，Rood K A，Kelly E J，et al，2012. Dermatopathy in juvenile Angus cattle due to vitamin A deficiency [J]. Journal of Veterinary Diagnostic

Investigation, 24 (4): 763 – 766.

Banks K M, Thompson K L, Jaynes P, et al, 2004. The effects of copper on the efficacy of phytase, growth, and phosphorus retention in broiler chicks [J]. Poultry Science, 83 (8): 1335 – 1341.

Barber E F, Cousins R J, 1987. Induction of ceruloplasmin synthesis by retinoic acid in rats: influence of dietary copper and vitamin A status [J]. The Journal of nutrition, 117 (9): 1615 – 1622.

Beynen A C, et al, 1991. Iron metabolism in vitaminA deficiency [J]. Trace Elements in Man and Animals, 7: 215 – 216.

Bowland JP, 1990. Approach of copper as growth promtant in pigs [J]. Pig News and information, 11 (2): 163 – 167.

Bradley B D, Graber G, Condon R J, et al, 1983. Effects of graded levels of dietary copper on copper and iron concentrations in swine tissues [J]. Journal of animal science, 56 (3): 625 – 630.

Braude R, 1945. Some observation on the need for copper in the diet of fettening pigs [J]. Agri Sci, 35: 163 – 171.

Burnell T W, Cromwell G L, Stahly T S, 1988. Effects of dried whey and copper sulfate on the growth responses to organic acid in diets for weanling pigs [J]. Journal of Animal Science, 66 (5): 1100 – 1108.

Buskohl P R, Gould R A, Curran S, et al, 2012. Multidisciplinary inquiry-based investigation learning using an ex ovo chicken culture platform: role of vitamin A on embryonic morphogenesis [J]. The american biology Teacher, 74 (9): 636 – 643.

Chen J R, Weng C N, Ho T Y, et al, 2000. Identification of the copper-zinc superoxide dismutase activity in Mycoplasma hyopneumoniae [J]. Veterinary microbiology, 73 (4): 301 – 310.

Chen Z, Meng H, Xing G, et al, 2006. Acute toxicological effects of copper nanoparticles in vivo [J]. Toxicology letters, 163 (2): 109 – 120.

Chen Z, Meng H, Yuan H, et al, 2007. Identification of target organs of copper nanoparticles with ICP-MS technique [J]. Journal of radioanalytical and nuclear chemistry, 272 (3): 599 – 603.

Coffey R D, Cromwell G L, Monegue H J, 1994. Efficacy of a copper-lysine complex as a growth promotant for weanling pigs [J]. Journal of Animal Science, 72 (11): 2880 – 2886.

Cromwell G L, Monegue H J, Stahly T S, 1993. Long-term effects of feeding a high copper diet to sows during gestation and lactation [J]. Journal of animal science, 71 (11): 2996 – 3002.

Cromwell G L, Stahly T S, Monegue H J, 1989. Effects of source and level of copper on performance and liver copper stores in weanling pigs [J]. Journal of Animal Science, 67 (11): 2996 – 3002.

Cromwell G L, Stahly T S, Williams W D, 1981. Efficacy of copper as a growth promotant and its interrelation with sulfur and antibiotics for swine [C] // Distillers Feed Conference Proceedings-Distillers Feed Research Council (USA).

Davis G K, Mertz W. Copper, 1987. Trace elements in human and animal nutrition [M]. Trace Orlando: Academic Press.

de Oliveira El-Warrak A, Rouma M, Amoroso A, et al, 2012. Measurement of vitamin A, vitamin E, selenium, and L-lactate in dogs with and without osteoarthritis secondary to ruptured cranial cruciate ligament [J]. Can Vet J, 53: 1285 – 1288.

Dove CR, 1993. The effect of adding copper and various fat sources to the diets of weanling swine on growth performance and serum fatty acid profiles [J].

Anim Sci（8）：2187 - 2192.

Dove CR，et al，1992. The effect of copper and fat addition to the diets of weanling swine on growth performance and serum fatty acid［J］. Anim sci，70（3）：805 - 810.

Dyer C J，Simmons J M，Matteri R L，et al，1997. Effects of an intravenous injection of NPY on leptin and NPY-Y1 receptor mRNA expression in ovine adipose tissue［J］. Domestic animal endocrinology，14（5）：325 - 333.

Edmonds M S，Izquierdo O A，Baker D H，1985. Feed additive studies with newly weaned pigs：efficacy of supplemental copper，antibiotics and organic acids［J］. Journal of Animal Science，60（2）：462 - 469.

El-Hady A，Mohamed A，2019. effect of dietary sources and levels of copper supplementation on growth performance，blood parameters and slaughter traits of broiler chickens［J］. Egyptian Poultry Science Journal，39（4）：897 - 912.

El-kazaz S E，Hafez M H，2020. Evaluation of copper nanoparticles and copper sulfate effect on immune status，behavior，and productive performance of broilers［J］. Journal of Advanced Veterinary and Animal Research，7（1）：16.

Engle TE，Spears JW，2001. Performance，carcass characteristics，and lipid metabolism in growing and finishing Simmental steers［J］. Journal of Animal Science，79（11）：2920 - 2925.

Fan Q，Abouelezz K F M，Li L，et al，2020. Influence of Mushroom Polysaccharide，Nano-Copper，Copper Loaded Chitosan，and Lysozyme on Intestinal Barrier and Immunity of LPS-mediated Yellow-Feathered Chickens［J］. Animals，10（4）：594.

Fisher G，Laursen-Jones A P，Hill K J，et al，1973. The effect of copper sulphate on performance and the structure of the gizzard in broilers [J]. British Poultry Science, 14 (1): 55 – 68.

Fuller R, Newland L G M, Briggs C A E, et al, 1960. The normal intestinal flora of the pig. IV. The effect of dietary supplements of penicillin, chlortetracycline or copper sulphate on the faecal flora [J]. Journal of Applied Bacteriology, 23 (2): 195 – 205.

Gene M. Pesti, Remzi I, 1996. Bakalli, Studies on the Feeding of Cupric Sulfate Pentahydrate and Cupric Citrate to Broiler Chickens [J]. Poultry Science, 75: 1086 – 1091.

Gerrard D E, Okamura C S, Ranalletta M A M, et al, 1998. Developmental expression and location of IGF-I and IGF-II mRNA and protein in skeletal muscle [J]. Journal of animal science, 76 (4): 1004 – 1011.

Gipp W F, Pond W G, Walker Jr E F, 1973. Influence of diet composition and mode of copper administration on the response of growing-finishing swine to supplemental copper [J]. Journal of Animal Science, 36 (1): 91 – 99.

Gipp. W. F. , W. G. Pond, E. F. Walker, 1983. Influence of diet composiyion and mode of copper administration on the response of growing-finishing swine to supplemental copper [J]. Anim. Sci. (18): 36 – 39.

Goldstein J M. , Kaplan H B. , Edelson H S. , et al, 1979. Ceruloplasmin: A scavenger of superoxide anion racieals [J]. J Biochem (254): 4045.

Gonzales-Eguia A, Fu C M, Lu F Y, et al, 2009. Effects of nanocopper on copper availability and nutrients digestibility, growth performance and serum traits of piglets [J]. Livestock Science, 126 (1 – 3): 122 – 129.

Griffin H D, Whitehead C C, 1982. Plasma lipoprotein concentration as an indicator of fatness in broilers: development and use of a simple assay for plasma very low density lipoproteins [J]. British Poultry Science, 23 (4): 307 – 313.

Grobler D G, 1999. Copper poisoning in wild ruminants in the Kruger National Park: geobotanical and environmental investigation [J]. The Onderstepoort Journal of Veterinary Research, 66 (2): 81 – 93.

Hassan R A, Shafi M E, Attia K M, et al, 2020. Influence of Oyster Mushroom Waste on Growth Performance, Immunity and Intestinal Morphology Compared With Antibiotics in Broiler Chickens [J]. Frontiers in Veterinary Science (7): 333.

Hawbaker J A, Speer V C, Hays V W, et al, 1961. Effect of copper sulfate and other chemotherapeutics in growing swine rations [J]. Journal of Animal Science, 20 (1): 163 – 167.

Hazzard D G, et al, 1964. Chronic hypervitaminosis A in Holstein male calves [J]. Dairy Sci (47): 391 – 402.

Henry P R, Ammerman C B, Campbell D R, et al, 1987. Effect of antibiotics on tissue trace mineral concentration and intestinal tract weight of broiler chicks [J]. Poultry Science, 66 (6): 1014 – 1018.

Henry P R, Ammerman C B, Miles R D, 1986. Influence of virginiamycin and dietary manganese on performance, manganese utilization, and intestinal tract weight of broilers [J]. Poultry Science, 65 (2): 321 – 324.

H. Pettit Ewing, Gene M. Pesti, Remzi I, 1998. Bakalli, and Jose Fernaado M. Menten, Studies on the Feeding of Cupric Sulfate Pentahydrate, Cupric Citrate, and Copper Oxychloride to Broiler Chickens [J]. Poultry Science (77): 445 – 448.

Igbasan F A, Akinsanmi S K, 2012. Growth response and carcass quality of broiler chickens fed on diets supplemented with dietary copper sources [J]. African Journal of Agricultural Research, 7 (11): 1674 – 1681.

Ivandija L, 1990. High level of copper in the diet of pigs as a growth promoter and selector of resistant E. coli bacteria [J]. Krmiva, 32 (9 – 10): 177 – 183.

Jegede A V, Oduguwa O O, Bamgbose A M, et al, 2011. Growth response, blood characteristics and copper accumulation in organs of broilers fed on diets supplemented with organic and inorganic dietary copper sources [J]. British Poultry Science, 52 (1): 133 – 139.

Johnson E L, Nicholson J L, Doerr J A, 1985. Effect of dietary copper on litter microbial population and broiler performance [J]. British poultry science, 26 (2): 171 – 177.

Kalra S P, Dube M G, Sahu A, et al, 1991. Neuropeptide Y secretion increases in the paraventricular nucleus in association with increased appetite for food [J]. Proceedings of the National Academy of Sciences, 88 (23): 10931 – 10935.

Karimi A, Sadeghi G H, Vaziry A, 2011. The effect of copper in excess of the requirement during the starter period on subsequent performance of broiler chicks [J]. Journal of Applied Poultry Research, 20 (2): 203 – 209.

Kirchgessner M, Beyer M G, Steinhart H, 1976. Activation of pepsin (EC 3. 4. 4. 1) by heavy-metal ions including a contribution to the mode of action of copper sulphate in pig nutrition [J]. British Journal of Nutrition, 36 (1): 15 – 22.

Kocamis H, Yeni Y N, Kirkpatrick-Keller D C, et al, 1999. Postnatal growth of broilers in response to in ovo administration of chicken growth hormone [J]. Poultry Science, 78 (8): 1219 – 1226.

Kornegay E T, Van Heugten P H G, Lindemann M D, et al, 1989. Effects of biotin and high copper levels on performance and immune response of weanling pigs [J]. Journal of Animal Science, 67 (6): 1471 – 1477.

LaBella F, Dular R, Vivian S, et al, 1973. Pituitary hormone releasing or inhibiting activity of metal ions present in hypothalamic extracts ［J］. Biochemical and biophysical research communications, 52 (3): 786 – 791.

Lauridsen C, Højsgaard S, Sørensen M T, 1999. Influence of dietary rapeseed oil, vitamin E, and copper on the performance and the antioxidative and oxidative status of pigs ［J］. Journal of animal science, 77 (4): 906 – 916.

Leach Jr R M, Rosenblum C I, Amman M J, et al, 1990. Broiler Chicks Fed Low-Calcium Diets. : 2. Increased Sensitivity to Copper Toxicity ［J］. Poultry science, 69 (11): 1905 – 1910.

Ledous D R, Ammerman C B, Miles R D, 1989. Biological availability of copper source for broiler chicks ［J］. Poult Sci, 66 (1): 24.

Lee D, Schroeder J, Gordon D T, 1988. Enhancement of Cu bioavailability in the rat by phytic acid ［J］. J Nutri. , 118: 712 – 717.

Lee I C, Ko J W, Park S H, et al, 2016. Comparative toxicity and biodistribution assessments in rats following subchronic oral exposure to copper nanoparticles and microparticles ［J］. Particle and fibre toxicology, 13 (1): 56.

Lei R, Wu C, Yang B, et al, 2008. Integrated metabolomic analysis of the nano-sized copper particle-induced hepatotoxicity and nephrotoxicity in rats: a rapid in vivo screening method for nanotoxicity ［J］. Toxicology and applied pharmacology, 232 (2): 292 – 301.

Li B, Zhang J, Han X, et al, 2018. Macleaya cordata helps improve the growth-promoting effect of chlortetracycline on broiler chickens ［J］. Journal of Zhejiang University-SCIENCE B, 19 (10): 776 – 784.

Li J, Yan L, Zheng X, et al, 2008. Effect of high dietary copper on weight gain and neuropeptide Y level in the hypothalamus of pigs ［J］. Journal of Trace Elements in Medicine and Biology, 22 (1): 33 – 38.

Liu Y, Li Y, Feng X, et al, 2018. Dietary supplementation with Clostridium butyricum modulates serum lipid metabolism, meat quality, and the amino acid and fatty acid composition of Peking ducks [J]. Poultry science, 97 (9): 3218.

Luo X G, Dove C R, 1996. Effect of dietary copper and fat on nutrient utilization, digestive enzyme activities, and tissue mineral levels in weanling pigs [J]. Journal of animal science, 74 (8): 1888 – 1896.

Machlin L J, 1990. Handbook of Vitamins (Nutritional, Biochemical, and Clinical Aspects), Marcal Dekker [J]. Inc. USA, 19 (4): 1 – 43.

Marron L, Bedford M R, McCracken K J, 2001. The effects of adding xylanase, vitamin C and copper sulphate to wheat-based diets on broiler performance [J]. British poultry science, 42 (4): 493 – 500.

Megahed M A, Hassanin K M A, Youssef I M I, et al, 2013. Alterations in plasma lipids, glutathione and homocysteine in relation to dietary copper in rats [J]. American Journal of Physiology, Biochemistry and Pharmacology, 3 (1): 1 – 5.

Meister A, Anderson M E, 1983. Glutathione [J]. Annual review of biochemistry, 52 (1): 711 – 760.

Miller E R, Stowe H D, Ku P K, et al, 1979. Copper and zinc in swine nutrition [R]. National Feed Ingredients Association. Literature review on copper and zinc in animal nutrition. West Demonies, Iowa: NFIA.

Moore T, Sharman I M, Todd J R, et al, 1972. Copper and vitamin A concentrations in the blood of normal and Cu-poisoned sheep [J]. British Journal of Nutrition, 28 (1): 23 – 30.

Mroczek-Sosnowska N, Lukasiewicz M, Wnuk A, et al, 2016. In ovo administration of copper nanoparticles and copper sulfate positively influences chicken performance [J]. Journal of the Science of Food and Agriculture, 96 (9):

3058 - 3062.

Nazarova A A, Polischuk S D, Stepanova I A, et al, 2014. Biosafety of the application of biogenic nanometal powders in husbandry [J]. Advances in Natural Sciences: Nanoscience and Nanotechnology, 5 (1): 13 - 15.

Ognik K, Sembratowicz I, Cholewińska E, et al, 2018. The effect of administration of copper nanoparticles to chickens in their drinking water on the immune and antioxidant status of the blood [J]. Animal Science Journal, 89 (3): 579 - 588.

Palacios A, Piergiacomi V A, Catala A, 1996. Vitamin A supplementation inhibits chemiluminescence and lipid peroxidation in isolated rat liver microsomes and mitochondria [J]. Molecular and cellular biochemistry, 154 (1): 77 - 82.

Palmer R M J, Ferrige A G, Moncada S, 1987. Nitric oxide release accounts for the biological activity of endothelium-derived relaxing factor [J]. Nature, 327 (6122): 524 - 526.

Pank Y F, Khorram O, Kyanard A H, 1986. Simultaneous induction of neuropeptide Y and gonadotrophln releasing hormone release in the rabbit hypotlhalamus [J]. Neuroendocrinol, 49: 147 - 149.

Patra A, Lalhriatpuii M, 2019. Progress and Prospect of Essential Mineral Nanoparticles in Poultry Nutrition and Feeding-A Review [J]. Biological Trace Element Research, 197 (1): 1 - 21.

Pau K Y F, Khorram O, Kaynard A H, et al, 1989. Simultaneous induction of neuropeptide Y and gonadotropin-releasing hormone release in the rabbit hypothalamus [J]. Neuroendocrinology, 49 (2): 197 - 201.

Payvastegan S, Farhoomand P, Delfani N, 2013. Growth performance, organ weights and, blood parameters of broilers fed diets containing graded levels of dietary canola meal and supplemental copper [J]. The Journal of Poultry Science, 50 (4): 354 – 363.

Pekas J C, 1985. Animal growth during liberation from appetite suppression [J]. Growth, 49 (1): 19 – 27.

Pelissier M A, Boisset M, Albrecht R, 1989. The effects of vitamin A nutritional status on microsomal lipid peroxidation and α-tocopherol level in rat liver [J]. Experientia, 45 (4): 342 – 343.

Pesti G M, Bakalli R I, 1996. Studies on the feeding of cupric sulfate pentahydrate and cupric citrate to broiler chickens [J]. Poultry Science, 75 (9): 1086 – 1091.

Prince T J, Hays V W, Cromwell G L, 1979. Effects of copper sulfate and ferrous sulfide on performance and liver copper and iron stores of pigs [J]. Journal of animal science, 49 (2): 507 – 513.

Prohaska J R, 1991. Changes in Cu, Zn-superoxide dismutase, cytochrome c oxidase, glutathione peroxidase and glutathione transferase activities in copper-deficient mice and rats [J]. The Journal of nutrition, 121 (3): 355 – 363.

Rachman F, Conjat F, Carreau J P, et al, 1987. Modification of vitamin A metabolism in rats fed a copper-deficient diet [J]. International Journal for Vitamin and Nutrition research. Internationale Zeitschrift fur Vitamin-und Ernahrungsforschung. Journal International de Vitaminologie et de Nutrition, 57 (3): 247 – 252.

Radecki S V, Ku P K, Bennink M R, et al, 1992. Effect of dietary copper on intestinal mucosa enzyme activity, morphology, and turnover rates in weanling pigs [J]. Journal of animal science, 70 (5): 1424 – 1431.

Roodenbrug A J, West C E, Hovenier R, et al, 1996. Supplementalvitamin A enhances recovery from iron deficiency in rats withchronic vitamin A dedicien-cy [J]. British Journal of Nutrition, 75: 623 – 636.

Roof M D, Mahan D C, 1982. Effect of carbadox and various dietary copper levels for weanling swine [J]. Journal of animal science, 55 (5): 1109 – 1117.

Root M M, Hu J, Stephenson L S, et al, 1999. Determinants of plasma retinol concentrations of middle-aged women in rural China [J]. Nutrition, 15 (2): 101 – 107.

Samanta B, Ghosh P R, Biswas A, et al, 2011. The effects of copper supple-mentation on the performance and hematological parameters of broiler chickens [J]. Asian-Australasian Journal of Animal Sciences, 24 (7): 1001 – 1006.

Sarvestani S S, Resvani M, Zamiri M J, et al, 2016. The effect of nanocopper and mannan oligosaccharide supplementation on nutrient digestibility and per-formance in broiler chickens [J]. Journal of Veterinary Research, 71 (2): 153 – 161.

Sato K, Akaike T, Kohno M, et al, 1992. Hydroxyl radical production by $H2O2$ plus Cu, Zn-superoxide dismutase reflects the activity of free copper re-leased from the oxidatively damaged enzyme [J]. Journal of Biological Chemistry, 267 (35): 25371 – 25377.

Sawosz E, ukasiewicz M, ozicki A, et al, 2018. Effect of copper nanoparticles on the mineral content of tissues and droppings, and growth of chickens [J]. Archives of animal nutrition, 72 (5): 396 – 406.

Schoenemann H M, Failla M L, Steele N C, 1990. Consequences of severe copper deficiency are independent of dietary carbohydrate in young pigs [J]. Am J Clin Nutr, 52 (1): 147 – 154.

Shelton N W, Tokach M D, Nelssen J L, et al, 2011. Effects of copper sul-fate, tri-basic copper chloride, and zinc oxide on weanling pig performance

[J]. Journal of animal science, 89 (8): 2440 – 2451.

Shurson G C, Ku P K, Waxler G L, et al, 1990. Physiological relationships between microbiological status and dietary copper levels in the pig [J]. Journal of animal science, 68 (4): 1061 – 1071.

Siddiqui H, Haniffa H M, Jabeen A, 2018. Sulphamethazine derivatives as immunomodulating agents: New therapeutic strategies for inflammatory diseases [J]. PLoS ONE, 13 (12): e0208933.

Skrivan M, Skrivanová V, 2000, Influence of dietary fat source and copper supplementation on broiler performance, fatty acid profile of meat and depot fat, and on cholesterol content in meat [J]. British poultry science. , 41 (5): 608 – 614.

Smith M S, 1969. Responses of chicks to dietary supplements of copper sulphate [J]. British Poultry Science, 10 (2): 97 – 108.

Song C J, Gan S, Shen X, 2020. Effects of nano-copper poisoning on immune and antioxidant function in the Wumeng semi-fine wool sheep [J]. Biological Trace Element Research (5): 1 – 6.

Stahly T S, Cromwell G L, Monegue H J, 1980. Effects of the dietary inclusion of copper and (or) antibiotics on the performance of weanling pigs [J]. Journal of Animal Science, 51 (6): 1347 – 1351.

Stansbury W F, Tribble L F, Orr Jr D E, 1990. Effect of chelated copper sources on performance of nursery and growing pigs [J]. Journal of Animal Science, 68 (5): 1318 – 1322.

Sundaresan P R, Kaup S M, Wiesenfeld P W, et al, 1996. Interactions in indices of vitamin A, zinc and copper status when these nutrients are fed to rats at adequate and increased levels [J]. British Journal of Nutrition, 75 (6): 915 – 928.

Tayeri V, Seidavi A, Asadpour L, et al, 2018. A comparison of the effects of antibiotics, probiotics, synbiotics and prebiotics on the performance and carcass characteristics of broilers [J]. Veterinary research communications, 42 (3): 195 –207.

T. E. Engle, J. W. Spears, 2000. Effects of dietary copper source and concentration on carcass characteristics and lipid and cholesterol metabolism in growing and finishing steers [J]. Journal of Animal Science, 78 (4): 1053 –1059.

Underwood E J, 1971. Trace elements in human and animal nutrition. Ed. 3 [M]. New York, USA: Academic Press.

Uni Z, Noy Y, Sklan D, 1995. Posthatch changes in morphology and function of the small intestines in heavy and light strain chicks [J]. Poultry Science, 74: 1622.

Uni Z, Zaiger G, Reifen R, 1998. Vitamin A deficiency induces morphometric changes and decreased functionality in chicken small intestine [J]. British Journal of Nutrition, 80 (4): 401 –407.

Unno T, Kim J, Guevarra R B, et al, 2015. Effects of antibiotic growth promoter and characterization of ecological succession in swine gut microbiota [J]. J Microbiol Biotechnol, 25 (4): 431 –438.

van den Berg G J, Lemmens A G, Beynen A C, 1993. Copper status in rats fed diets supplemented with either vitamin E, vitamin A, or β-carotene [J]. Biological trace element research, 37 (2 –3): 253.

Van Heugten E, Coffey M T, 1992. Efficacy of a copper-lysine chelate as growth promotant in weanling swine [J]. J. Anim. Sci, 70 (Suppl 1): 18.

Van Houwelingen F, et al, 1993. Iron and zinc status in rats with diet-induced marginal deficiency of vitamin A and/or copper [J]. Biol Trace Elem Res. Jul. , 38 (1): 83 –95.

Vandenburg, J, 1993. Copper status in rats fed diets supplemented with either vitamin E, vitamin A or β-carotene [J]. British Trace Element Research (37): 253 – 259.

Visek W J, 1978. The mode of growth promotion by antibiotics [J]. Journal of Animal Science, 46 (5): 1447 – 1469.

V. H. Konjufca, G. M. Pesti, R. I. Bakalli, 1997. Modulation of Cholesterol Levels in Broiler Meat by Dietary Garlic and Copper [J]. Poultry Science (76): 1264 – 1271.

Wallace H D, McCall J T, Bass B, et al, 1960. High level copper for growing-finishing swine [J]. Journal of Animal Science, 19 (4): 1153 – 1163.

Wang C, Wang M Q, Ye S S, et al, 2011. Effects of copper-loaded chitosan nanoparticles on growth and immunity in broilers [J]. Poultry science, 90 (10): 2223 – 2228.

Wang J, Zhu X, Guo Y, et al, 2016. Influence of dietary copper on serum growth-related hormone levels and growth performance of weanling pigs [J]. Biological trace element research, 172 (1): 134 – 139.

William L. Ragland, Vjollca Konjufca, 1995. Dietary Copper in Excess of Nutritional Requirement Reduces Plasma and Breast Muscle Cholesterol of Chickens [J]. Poultry Science. (74): 360 – 365.

Xin Z, Waterman D F, Hemken R W, et al, 1991. Effects of copper status on neutrophil function, superoxide dismutase, and copper distribution in steers [J]. Journal of Dairy Science, 74 (9): 3078 – 3085.

Xuan G S, Oh S W, Choi E Y, 2003. Development of an electrochemical immunosensor for alanine aminotransferase [J]. Biosensors and Bioelectronics, 19 (4): 365 – 371.

Yang Z, Qi X M, Yang H M, et al, 2018. Effects of dietary copper on growth performance, slaughter performance and nutrient content of fecal in growing goslings from 28 to 70 days of age [J]. Brazilian Journal of Poultry Science, 20 (1): 45 –52.

Zhou W, Kornegay E T, Lindemann M D, et al, 1994. Stimulation of growth by intravenous injection of copper in weanling pigs [J]. Journal of Animal Science, 72 (9): 2395 –2403.

Zhou W, Kornegay E T, Van Laar H, et al, 1994. The role of feed consumption and feed efficiency in copper-stimulated growth [J]. Journal of Animal Science, 72 (9): 2385 –2394.